# AM ANFANG DIE ERDE

Titelabbildungen. Getreidespeicher in Sanga, Mali, mit den charakteristischen »Strohhütchen«.

*Untere Reihe v.l.n.r.:* Teil einer Lehmbrotewand nach der »Dünner« Bauweise.

Beim Mauern einer Kuppel mithilfe einer Richtstange, Sahelzone.

Wohnhaus bei Sada im Jemen, in der »Zaburtechnik« erbaut.

Lehmziegelhaus in Neugourna, Ägypten, mit ornamentalem Schmuck.

# AM ANFANG DIE ERDE SANFTER BAUSTOFF LEHM

**JÜRGEN SCHNEIDER**     EDITION FRICKE IM RUDOLF MÜLLER VERLAG

ISBN 3-481-50241-9.

Originalausgabe.

© 1985 Edition Fricke in der
Verlagsgesellschaft Rudolf Müller, Köln.
Anschrift der Edition Fricke:
Humboldtstr. 67, 6000 Frankfurt/Main.

Buchdesign: Georg Würthele.
Umschlagentwurf: Wolfgang Heffe.
Satz: Dhyana Fotosatz, Frankfurt/Main.
Lithos: Fischer (Farbe) und
Spiecker (Schwarzweiß), beide Frankfurt/Main.
Druck und Verarbeitung: Druck- und
Verlagsgesellschaft, Darmstadt.

Alle Rechte der Verbreitung, der fotomechanischen Wiedergabe, des auszugsweisen Nachdrucks oder Einspeicherung und Rückgewinnung in Datenverarbeitungsanlagen sind vorbehalten.

Über den Autor:

Jürgen Schneider, geb. 1939 in Bayreuth, aufgewachsen in Potsdam, lebt in Wiesbaden. Er studierte Theaterwissenschaft, Germanistik und Kunstgeschichte und arbeitete nach dem Studium als Schauspieler und Regisseur am Theater.
Seit 1968 journalistische Tätigkeit für Architekturzeitschriften und Kulturprogramme des Fernsehens. Autor zahlreicher Fernsehfeatures über ökologische Themen und über Alternativen zum Bauen und Wohnen von der Stange.
Von Jürgen Schneider erschien »Leben mit der Sonne« (Eichborn Verlag); er ist Co-Autor von »Grün in der Stadt« (Rowohlt Verlag) und ». . . und hinter der Fassade (Edition Fricke).
Die Hälfte seines Honorars für dieses Buch stellt der Autor der Organisation „Menschen für Menschen" zur Verfügung, um deren modellhafte Arbeit zur Bekämpfung des Hungers zu unterstützen. (Konto Nr. 700 000 der Dresdner Bank AG, der Stadtsparkassen, der Raiffeisenbanken und des Postgiro Köln).

Dieses Buch entstand gleichzeitig mit einem Fernsehfilm, der unter dem Titel »Am Anfang die Erde« in zwei Teilen vom Zweiten Deutschen Fernsehen gesendet wurde.

## Inhalt

Vorwort    *Seite 6*

**Das Besondere am Baustoff Lehm**    *Seite 8*
Die gebräuchlichsten Lehmbautechniken    *Seite 9*

**Die Wiederentdeckung des Lehmbaus in den Industrieländern**
*Bei Brüssel* – Anne und Pierre bauen ein Haus aus Lehm, Holz und Glas    *Seite 11*
*Im Südwesten Amerikas* — Renaissance der Adobearchitektur    *Seite 12*
*In Frankreich* – Tradition des Stampflehmbaus    *Seite 17*
*In Grenoble* – Die Pionierarbeit von CRATerre    *Seite 23*
*In Isle d'Abeau* – Sozialbauten aus Lehm    *Seite 26*
*In Balma bei Toulouse* – Das »Centre Terre«    *Seite 28*
*Auf Korsika* – Ein Kupferschmied baut nubische Gewölbe    *Seite 30*
*In Kassel* – Ökodorf aus Lehm    *Seite 23*
*Gesamthochschule Kassel* – Lehmbauforschung und Ausbildung    *Seite 34*
*Heute und früher* – Bauen mit Lehmbroten    *Seite 36*
*In Deutschland* – Schauplätze der Lehmbaugeschichte    *Seite 41*
*In Münster* – Ein Pferdestall in der alten Lehmstakenbauweise    *Seite 44*
*In Darmstadt* – Moderner Fachwerkbau mit Lehm    *Seite 46*

**Traditionelle Lehmarchitektur in den Entwicklungsländern**
*Im Jemen* – Die Lehmarchitektur der Jemeniten    *Seite 50*
*In Marokko* – Lehmburgen der Berber    *Seite 60*
*In Mali* – Lehmbautraditionen    *Seite 62*

**Traditionen als Entwicklungschance** — moderne Lehmarchitektur in Afrika
Falsche Vorbilder    *Seite 68*
*Mittler zwischen Tradition und Moderne* – Der ägyptische Architekt Hassan Fathy    *Seite 69*
*Das Haus ihrer Träume aus Lehm* – Ein Amerikaner und ein Libanese bauen    *Seite 73*
*Wiederbelebung afrikanischer Architektur und Stadtplanung* – Das Modell ADAUA in der Sahelzone    *Seite 75*

Literatur    Anschriften    Fotonachweis    *Seite 84*

Lehmziegelgewölbe, vor 3000 Jahren gebaut, im Tal der Könige bei Luxor.

Mehrstöckige Lehmbauten in Zaburtechnik, Sada, Nordjemen.

## Vorwort

Obwohl ein Drittel der Menschheit in Häusern aus Lehm wohnt, ist der Lehm ein Baustoff, von dem man heute und hier sehr wenig weiß. Architekten und Stadtplaner berücksichtigen die Lehmbauweise in der Praxis nur in den seltensten Fällen.

Die Geschichte des Lehmbaus, die Vielfalt seiner Techniken und der Formenreichtum der Lehmarchitektur sind jedoch ganz erstaunlich. Leider wird der Lehmbau in fast allen Industrieländern als antiquiertes Bauverfahren abgewertet, das den weniger entwickelten Ländern der sogenannten Dritten Welt zukomme. Vergessen ist, daß der Lehmbau auch hierzulande, nicht nur nach den Weltkriegen, eine durchaus gebräuchliche Baumethode war. Fast alle Zivilisationen der Menschheitsgeschichte haben mit Lehm gebaut. Jericho wurde vor rund zehntausend Jahren errichtet — aus Lehm, genau wie Babylon und die Chinesische Mauer. Der römische Architekt Vitruv preist in seinem Architektur-Handbuch das Bauen mit ungebrannten Ziegeln. Er gibt genaue Beschreibungen des Lehmbauverfahrens, lobt dessen Solidität und erwähnt, daß »sogar Könige in keiner Weise Lehmbauten verachtet« haben.

Lehm ist ein sanfter Baustoff, den man ohne aufwendige Technologie verarbeiten kann — notfalls mit den Händen. Dieses Einfache hat die menschliche Kreativität stets inspiriert. Und dennoch: Lehm ist als Baustoff wenig angesehen. Weil er billig ist, hält man ihm für minderwertig. Weil er jederzeit wieder verwendbar gemacht werden kann, spricht man ihm Haltbarkeit ab. Doch gerade das kann man mühelos widerlegen. Noch heute fasziniert im Tempelbezirk von Ramses II. bei Luxor ein über dreitausend Jahre altes Lehmziegelgewölbe, das nachweislich ohne Schalung gemauert wurde. Und in Weilburg an der Lahn stehen viergeschossige Wohnhäuser aus Stampflehm, die über einhundertfünfzig Jahre alt sind. Durch einen Steinsockel, der die Bodenfeuchte abhält und durch schützenden Verputz haben sie sich bis heute hervorragend erhalten. Zum Teil ist ihr Zustand besser als der benachbarter Ziegelbauten, die gleichaltrig sind. Seit einigen Jahren nun gibt es Bestrebungen, den Lehmbau wieder hoffähig zu machen. Die starke Belastung der Umwelt, die mit dem industrialisierten Bauen einhergeht, hat das ressourcensparende Bauen mit Lehm vor allem für das ökologisch orientierte Selbstbauen interessant gemacht. Dabei spielt es eine wichtige Rolle, daß die Verarbeitung von Lehm kaum Energie benötigt. Während zum Beispiel ein Kubikmeter Zementboden 500kWn Energie kostet, braucht man zur Aufbereitung von Lehm nur etwa 1 % dieser Energiemenge. Lehm ist nicht nur billig, sondern auch gesund. Die atmende Erde gleicht Feuchtigkeits- und Temperaturschwankungen aus, sofern sie richtig verarbeitet wird. Universitäten und Fachhochschulen haben für das Bauen mit Lehm rationalisierte Arbeitsmethoden entwickelt und Energieforschung betrieben. Durch den Zusatz verschiedener Materialien kann die Widerstandsfähigkeit, Zugfestigkeit und Wasserdurchlässigkeit des Lehms verbessert und durch den Einsatz von mechanischen und hydraulischen Maschinen der Bauvorgang erleichtert werden.

Mit der Renaissance des Lehmbaus in den Industrieländern beginnt man auch in den Entwicklungsländern, sich wieder mehr auf die am Ort vorhandenen Materialien zu besinnen. Dies auch, weil sich importierte Architekturkonzepte zur Bewältigung von sozialen Problemen nur sehr bedingt eignen. Es genügt jedoch nicht, den Willen zu haben, traditionelle Bauverfahren wiederzubeleben. Sie sind heute nur dann durchzusetzen, wenn sie gründlich modernisiert werden, weil das System der Nachbarschaftshilfe, worauf das soziale Gefüge insgesamt beruhte, kaum noch besteht.
Inzwischen haben Architekten in einigen Ländern der Dritten Welt die Vorteile sanfter Technologien wiederentdeckt. Ausgestattet auch mit Geldern der internationalen Entwicklungshilfe, haben sie sich daran gemacht, den modernen Lehmbau im Siedlungswesen einzusetzen. Mit überraschenden Erfolgen, wie sich zeigt. Die Länder der Dritten Welt sind durchaus in der Lage, eigenständige Lösungen für ihre Probleme zu finden, ohne alte Traditionen aufgeben zu müssen.

In Nord und Süd eröffnen sich also neue Perspektiven für einen modernen Lehmbau. Eine sanfte, energiesparende Bautradition erscheint als zukunftsweisende Alternative, je deutlicher die Grenzen des technologischen Optimismus erkannt werden. Eine Architektur nach menschlichem Maß, mit einfachen organischen Formen, angepaßt an Klima und Landschaft gilt es wieder zu entdecken und einen Baustoff, der von allein in den Kreislauf der Natur zurückkehrt, wenn man ihn nicht mehr braucht.

Dieses Buch ist ein Plädoyer für den Lehm.

Bei der Herstellung von Strohhäcksel in einem Dorf bei Sada.

## Das Besondere am Baustoff Lehm

In der langen Geschichte des Bauens nimmt der Lehm als Baustoff eine wichtige Position ein. Er gehört immer, die ganze Zeit seiner bautechnischen Entwicklung eingeschlossen, zur natürlichen Umwelt der Menschen. Sie gaben ihr mit Lehm Gestalt durch ihr Gehäuse bis hin zu den hilfreichen Gerätschaften aus gebranntem Lehm.
Daß wir uns heute noch eine gewisse Zuneigung zu diesem vielseitigen Material erhalten haben, kommt vielleicht daher, daß Lehm von vielen Menschen als besonders warm und archaisch-urtümlich empfunden wird. Es ist noch nicht lange her, daß man ihn als Lehmpackung und Lehmbad zu Heilzwecken schätzte. In neuerer Zeit wollen Baubiologen festgestellt haben, daß vom Lehm positive aktivierende Schwingungen ausgehen.
Dabei ist Lehm nichts anderes als ein aus Ton und Sand bestehendes Verwitterungsprodukt verschiedener Gesteinsarten. Die sandigen Bestandstandteile sind das Korngerüst und der Ton das Bindemittel, das dem Gemisch die Klebekraft verleiht. Weitere Beimengungen wie Mangan- oder Eisenoxyd und Kalk färben den Lehm braun, rot oder gelb. Die Natur liefert uns mit dem Lehm eine klebekräftige, bereits fertige Mischung. Nicht jeder Lehmboden vor der Haustür eignet sich jedoch gleich gut zum Bauen. Es gibt z.B. fette, tonreiche und magere, tonarme Lehme, sowie schluffige und kiesige Lehme. Sie werden nach zwei Hauptgruppen unterschieden: in primäre Lehme, die noch direkt über den Muttergestein lagern, aus dem sie durch Verwitterung entstanden sind und in die Lehme der umgelagerten Böden, die durch Umweltkräfte von ihrem ursprünglichen Ort fortgeführt und woanders abgelagert wurden (Gehänge-, Geschiebe, Löß- und Auelehm). Je nach Vorkommen und der Art der erdgeschichtlichen Prozesse enthält der Lehm also recht unterschiedliche Anteile von Kies, Sand, Schluff (Feinsand) und Ton, so daß das örtliche Vorkommen des Lehms im allgemeinen auch die regionale Bauweise bestimmt.
Da Lehm allein durch die Verdunstung des in ihm enthaltenen Wassers hart wird, kann er sehr leicht durch Zugabe von Wasser wieder weich und formbar werden. So ist er wie kein anderer Baustoff immer wieder verwendbar, gleichzeitig aber besonders anfällig gegenüber eindringendem Wasser. Er bedarf also eines Schutzes, wenn man nicht, wie in Afrika heute noch üblich, die Außenhaut immer wieder erneuern will. Möglichkeiten dazu bieten u.a. wasserabweichender Putz, Bretterverschalungen und Anstriche sowie die Stabilisierung des Lehms mit Hilfe von Stroh, Dung, Bitumen und Zement.

Die ägyptische Königin Hatschepsout (1498 - 1469 v. Chr.) formt einen Lehmziegel.

Obervolta: Mit Formrahmen werden Lehmziegel hergestellt.

Stampflehmbau in Marokko.

Maschinelle Herstellung von Lehmsteinen, Toulouse, Frankreich.

## Die gebräuchlichsten Lehmbautechniken

Die Vielfalt der Techniken der Lehmbauweise entwickelte sich vor allem durch die unterschiedlichen Lehmvorkommen, die je nach Klima und Kultur eines Landes eine ganz spezielle Bauweise hervorbrachten. Der Lehmstampfbau, der Lehmstein- und Lehmquaderbau werden als Massivbauweisen bezeichnet. Damit lassen sich bei entsprechender Mauerdicke ohne weiteres tragende Wände mehrgeschossiger Bauten errichten.

Der **Lehmsteinbau** wurde schon im Altertum in Mesopotamien und im Ägypten der Pharaonen angewendet; nach Angaben von Herodot, Plinius und Vitruv ist es die älteste massive Lehmbauart. Der nasse Lehm wird mit den Händen einfach in Formrahmen gedrückt und an der Luft und der Sonne getrocknet. Erdfeuchten Lehm stampft oder preßt man in die Steinform, wozu sich Hand- oder Maschinenpressen

durchgesetzt haben. Im Südwesten Amerikas werden gepreßte Steine und Quader (Format: 12 x 25 x 38) heute in automatischer Fabrikation hergestellt.

Der **Stampflehmbau** (bereits zur Römerzeit in Südfrankreich praktiziert), ist noch in Marokko, Lateinamerika und China eine gebräuchliche Baumethode. Bei dieser Bauweise wird erdfeuchter Lehm in Schichten von 10 - 12 cm zwischen Schalungsbrettern, die die gewünschte Mauerstärke vorgeben, festgestampft Allein in Frankreich, wo früher viel mit Stampflehm gearbeitet wurde, gibt es dafür fünf verschiedene, regionaltypische Verfahren. Bei der Stampflehmmethode entstehen, ähnlich wie bei Beton, fugenlose, monolithische Wände. Als Schalung dient eine Wanderschalung, die für eine

Leichtlehmbau in Groß-Gerau, Hessen.

**Die Wiederentdeckung des Lehmbaus in den Industrieländern.**

Reihe von Bauten immer wieder verwendet werden kann. Der Arbeitsvorgang ist sehr einfach und läßt weitgehend die Mitwirkung von Laien zu.

Neben Massivbauweisen gibt es eine Reihe von Techniken, die den Lehm, wie im traditionellen Fachwerkbau, nur als Ausfachungsmaterial benutzen. Die eigentliche tragende Funktion übernimmt ein Holzbalkenskelett, das entweder mit Lehmsteinen ausgemauert oder durch Bewurf von Flechtwerk und durch das Einsetzen von Lehmstaken ausgefacht wurde. Der Vorteil dieser Baumethode ist es, daß besonders in regenreichen nördlichen Zonen die Ausfachungsarbeiten unter einem schützenden Dach stattfinden können und der Lehm, da er nicht selbst die Dach- und Deckenlasten trägt, durch Vermischung mit viel Stroh und Häcksel zur guten Wärmedämmung werden kann.

Zu den früher gebräuchlichsten Strohlehmverfahren gehörte das **Bewerfen von Geflecht.** Ein Gitter aus Weidenruten und Stöcken, das in einem Gefach der Holzkonstruktion befestigt war, wurde von innen und außen mit Stroh- oder Häksellehm beworfen und dann glatt gestrichen.

Beim **Ausfachen mit Staken** bringt man an den senkrechten Holzbalken Nuten an, in die Latten (Staken) eingesetzt und mit Strohlehmlagen aufgefüllt werden. Man kann die Latten auch gleich mit Strohlehm umwickeln und sie anschließend in der Nut übereinanderschieben, bis sie eine Wand bilden.

Aus diesen alten Strohlehmverfahren hat sich nach dem Ersten Weltkrieg der **Leichtlehmbau** entwickelt. Bei dieser Technik wird Lehm in flüssigem Zustand mit dem Stroh vermischt und dient nur noch als Bindemittel für die Faserstoffe. Die fertige Leichtlehmmasse stampft man in Schalungen auf der Baustelle direkt zu Wänden oder Decken oder verwendet sie zur Herstellung von Steinen und Platten, die trocken verarbeitet werden können.

Beim **Lehmwellerbau** wird ein Gemenge von Lehm und viel Stroh ohne Schalung zu einem Haufen aufgesetzt. Nach der Trockenzeit von 4 - 8 Tagen kann man die Wände mit einem dreieckig zugeschnittenen, scharfen Spaten gerade abstechen. Nach einer weiteren Trockenzeit kann der nächste Abschnitt von jeweils 80 cm Höhe darübergesetzt werden. Diese verblüffend einfache Bauweise eignet sich im allgemeinen nur für eingeschossige Bauten. Es gibt aber einige mehr als 100 Jahre alte zweigeschossige Lehmwellerbauten, die wegen der vielen im Stroh eingeschlossenen Lufträume meist eine gute Wärmedämmung haben.

Massives Lehmhaus, das auf einem Grundstück der Brüsseler Universität im Selbstbau errichtet wurde. Die Verglasung auf der Südseite dient als Sonnenkollektor

Mauerwerk aus stabilisierten Lehmsteinen mit Rundbogenfenstern.

Speicherwand mit vielen Durchbrüchen, die den eigentlichen Wohntrakt zum Wintergarten hin öffnen.

Anne und Pierre beim Mauern der Treppe.

*Bei Brüssel –*
**Anne und Pierre bauen ein Haus aus Lehm, Holz und Glas**

Bei Louvain-La-Neuve, 20 km von Brüssel entfernt, entsteht auf einem Universitätsgrundstück, das Studenten der Architekturfakultät mit alten Wohnwagen und phantasievollen Holzbauten okkupiert haben, ein massives Lehmhaus, das auf die Architektur- und Energiekrise gleichermaßen eine schöpferische Antwort geben will.

Das schon im Rohbau beeindruckende Gebäude fängt über einen integrierten Glasvorbau auf der Südseite die Sonne ein und speichert sie in den dicken Lehmmauern, die aus dem Erdaushub erstellt wurden. Auf der Nordseite verschwindet das Haus bis zum Dach in einem Erdhügel, um sich vor kalten Nordwinden zu schützen. Hergestellt aus Lehm, Holz und Glas strebt es eine harmonische Einheit mit seiner Umgebung an. Die Farben des Hauses sind die Farben der umliegenden Felder, weil die Steine seiner Wände aus derselben unveredelten Grundsubstanz bestehen. Die weichen, organischen Formen des Hauses stehen in einem lebendigen Kontrast zur Eintönigkeit moderner Einfamilienhäuser.

Pierre demonstriert die Handpresse, mit der die Steine fabriziert wurden.

Das provisorische Heim während der Bauzeit, ein alter Wohnwagen.

*Im Südwesten Amerikas –*
## Renaissance der Adobearchitektur

Das erste moderne Lehmhaus Belgiens wurde von dem jungen Architekten Pierre Brichant und seiner Freundin Anne Dupuis größtenteils allein gebaut. Freunde halfen ab und zu beim Erdaushub und beim Erstellen des Dachstuhls. Die beiden Bauherren schildern die Anfänge: »Als wir mit dem Haus anfingen, hatten wir eigentlich überhaupt kein Geld. Aber der Lehm ist hier von dem Grundstück, und wir mußten ihn nur mit etwas Sand mischen, weil er zu fett und zu tonhaltig war. Teuer war eigentlich nur das Glas für den Wintergarten. Alles andere Material haben wir uns aus Abrißhäusern geholt. Unsere Entscheidung, mit ungebrannten Lehmsteinen zu bauen, ergab sich zwangsläufig aus der Überlegung, ein Material zu verwenden, das möglichst wenig kostet, sich für den Selbstbau eignet und bei der Herstellung weder Energie verbraucht noch die Umwelt belastet. So benutzten wir den Glasvorbau als Sonnenkollektor, Pufferzone und Wintergarten und die selbstgebastelten Lehmsteine als Speichermasse.«

Während der Bauzeit ihres Ökohauses, das sie später mit Freunden teilen wollen, wohnen Anne und Pierre in einem alten Wohnwagen auf der Baustelle. Das Geld für den Innenausbau verdienen sie sich durch gelegentliche Jobs. Das mutige Experiment der beiden hat inzwischen soviel Interesse bei der Architekturfakultät der Brüsseler Universität gefunden, daß von der anfänglichen Drohung, das ohne Genehmigung gebaute Haus wieder abzureißen, nicht mehr die Rede ist.

In den siebziger Jahren waren es vor allem die mit Sonnenenergie experimentierenden Pioniere des ökologischen Bauens in Amerika, die sich erstmals auch wieder für den Lehmbau interessierten. Sie wollten Häuser bauen, die möglichst wenig Fremdenergie verbrauchen, und sie entdeckten als ideale Bauweise dafür die Kombination von Lehm und Glas. Wichtige Impulse kamen damals aus New Mexico, weil dieser Staat immer mehr zum Zufluchtsort für diejenigen wurde, die des »American Way of Life« überdrüssig waren und sich zur Selbstbesinnung zurückziehen wollten. Die Lehmbautradition der Indianer und Spanier konnte man hier, im heißen und trockenen Klima, vor Ort studieren und fortführen.

100 km nördlich von der Hauptstadt Santa Fe mit ihren alten erdfarbenen Adobehäusern liegt das berühmte Taos Pueblo am Taos River. Die massiven Lehmwände des Pueblos sind bei dem halbwüstenartigen Klima von New Mexico mit seinen extremen Temperaturschwankungen zwischen Tag und Nacht geradezu ideal. Der isolierende Lehm schützt in der Nacht vor der Kälte und am Tage vor der trockenen

Indianersiedlung
Pueblo Taos, New
Mexico.

Hitze. Er absorbiert nachts alle Luftfeuchtigkeit und gibt sie tagsüber unter Erzeugung von Verdunstungskälte wieder ab. Eine wirkungsvolle, einfache und betriebssichere »Klimaanlage«, die nichts kostet.
Das noch bewohnte Taos Pueblo dokumentiert fast unverändert die hochentwickelte Baukunst der Indianersiedlungen in präkolumbischer Zeit. Die bis zu fünf Geschosse hohe, terrassenförmig gestufte Anlage wurde aus luftgetrockneten Lehmziegeln erbaut; sie enthält außen Wohn- und innen Schlafräume. Räumlichkeiten in den unteren Geschossen dienen als Vorratskammern. Der britische Schriftsteller H. D. Lawrence, der in den zwanziger Jahren längere Zeit bei Taos lebte, äußert sich in seinen Aufzeichnungen über die Kultur der Indianer. Beeindruckt von der Schönheit und Dauerhaftigkeit dieses Lehmdorfes, schrieb er:
*»Daß diese viereckigen Lehmhäufchen Jahrhunderte und Jahrhunderte durchhalten, während griechischer Marmor stürzt und Kathedralen wanken, das ist das Wunder. Aber die bloße menschliche Hand mit einem bißchen frischen Lehm ist eben rascher als die Zeit und trotzt den Jahrhunderten.«*
Und so werden fast jedes Jahr im Taos Pueblo Teile des Lehmputzes von den Bewohnern in gemeinsamer Arbeit erneuert. Gegen Rißbildung, Auswaschungen und zur Erhöhung der Wärmedämmung versetzen die Indianer den Putz und die Adobesteine mit Stroh, das sie zu etwa 5 cm langen Stücken kleinhäckseln. Den Vorzug kompakter Lehmbauten, tagsüber Wärme zu speichern und sie nachts langsam wieder abzustrahlen, machten sich auch die Solarpioniere für ihre ersten Versuche mit sonnenbeheizten Adobes zunutze. Santa Fe ist inzwischen ein perfektes Lehr- und Anschauungsbeispiel für ökologisches Bauen, für Wohnformen, die landschaftliche

Das berühmte Stufenhaus von Karen Terry in Santa Fe, New Mexico.

Im Bau: das neue Atelier von Karen Terry.

und klimatische Belange berücksichtigen, und die gleichzeitig den Sinn für die Tradition und die Freude am Experiment demonstrieren. Die neuen Adobehäuser, die rings um Santa Fe aus der Erde sprießen, tragen Spuren indianischer, spanischer und angloamerikanischer Bautechniken. Die Lehmziegel werden im Eigenbau oder von Firmen hergestellt. Allein in Santa Fe gibt es heute 48 Fabriken, die Adobesteine für die steigende Nachfrage herstellen, jedes Jahr gibt es 30 % mehr Adobehäuser. Es erscheint ein eigenes Journal für Lehmbau »Adobe today«.

Die Häuser sind stets so konzipiert, daß sie sich mit großzügigen Glasfenstern zur Sonne öffnen, deren Wärme, vor allem am Nachmittag und im Winter bei tiefstehender Sonne, von den Bodenmassen und Lehmwänden aufgenommen wird. Ein frühes Beispiel dafür ist das inzwischen berühmte Stufenhaus in Santa Fe, das in seinem terrassenartigen Aufbau unübersehbar die bewährten Bauformen des Taos Pueblos übernimmt. Die Töpferin Karen Terry hat es mit der Hilfe von Freunden aus Lehmsteinen nach Plänen des Solararchitekten David Wright gebaut. Karen Terry liebt den Lehm auch wegen der weichen, plastischen Formen, die sich daraus modellieren lassen. So hat sie eine Zeit lang davon gelebt, mit Freunden Sonnenhäuser nach den Entwürfen von David Wright zu bauen, um sie dann wieder zu verkaufen. Inzwischen konnte sie für sich selbst ein Atelierhaus nach eigenen Plänen realisieren. Wieder ist das Haus ganz darauf ausgerichtet, viel Sonne auf

Das Solar-Adobe-Haus von Dough Balcomb, First Village, Santa Fe, New Mexico.

Speicherwand aus Adobeziegeln im Wintergarten.

der Südseite hereinzulassen und ihre Strahlung in den massiven Lehmwänden und Ziegelklinkern des Bodens zu speichern. Das Atelier der Künstlerin ist auch innen mit Lehm verputzt. Einzige Zusatzheizung ist ein aus Lehm geformter Kamin. Karen Terry: »*Wir brauchen heute billige und einfache Häuser, die allein durch ihre klimagerechte Architektur Energie sparen. Hier habe ich bewußt das Raumangebot reduziert, um mehr in eine gute Isolierung investieren zu können. Die verwendeten Baumaterialien sind alle lokalen Ursprungs. Das Holz kommt direkt aus Santa Fes Umgebung, die Mauern sind aus Lehm ebenso wie der Mörtel und die Steine. Wir benutzen also so viel wie möglich altbewährtes Baumaterial und kombinieren es mit modernen solartechnischen Erfahrungen.*«

Die einfache plastische Formensprache der Solar-Adobes von Santa Fe fasziniert auch bei dem Wohnhaus von Dough Balcomb im Vorort First Village. Der Architekt Bill Lumbkins hat es so entworfen, daß der Wohntrakt L-förmig ein südorientiertes Glashaus umschließt, das als Sonnenkollektor fungiert. Die dunkelgestrichene Hauswand aus Lehmziegeln wird im Winter, wenn die schräg einfallenden Sonnenstrahlen tief in das Haus eindringen, zu einer Speicherheizung mit natürlicher Wärmeabstrahlung in die inneren Räume. Dr. Balcomb, der das Haus seit 1976 bewohnt, ist Solarforscher und hat exakte Messungen über das Temperaturverhalten des Hauses angestellt.

Im Stil von Taos Pueblo, Luxushotel in Santa Fe, New Mexico.

Adobe-Siedlung »La Vereda« in Santa Fe, New Mexico.

Dough Balcomb: *»Durch die Kombination von Glas und Speichermasse können wir im Winter in den Wohnräumen tagsüber eine Durchschnittstemperatur von 19 Grad, im Sommer von etwa 21 Grad Celsius erreichen, ohne daß wir andere Energiequellen benutzen. Wir haben zwar eine elektrische Zusatzheizung, gebrauchen sie aber so gut wie gar nicht.«*
Das alternative Leben in rustikaler Adobe-Architektur ist in Santa Fe

inzwischen fast schon eine Prestige-Angelegenheit für Besserverdienende geworden. Moderne Hotelbauten geben sich den Anschein indianischer Baukultur, und in den Bergen über Santa Fe wurde 1980 die Adobe-Siedlung, »La Vereda« mit 200 Häusern im klassischen Baustil des Südwestens errichtet.

Die Werkzeuge des Stampflehmbauers, nach einem französischen Lehmbau-Lehrbuch des 19. Jahrhunderts.

Rohbau eines Stampflehmhauses.

## In Frankreich – Tradition des Stampflehmbaus

In den europäischen Ländern war der Lehmbau lange die solide Baumethode für Arme und Reiche. Der aufmerksame Beobachter entdeckt Lehmbauten in Schweden, Dänemark, Deutschland und England ebenso wie in ganz Osteuropa und auf dem Balkan.

Besonders zahlreich und variantenreich sind die Beispiele in Frankreich. Im Tal der Garonne war der Lehmsteinbau verbreitet, während in der Normandie und im Elsaß vorwiegend mit Strohlehm zur Ausfachung von Holzrahmenkonstruktionen gebaut wurde. Und in der Bretagne, in der Auvergne, im Dauphiné sowie im Lyonnais war der Stampflehmbau populär.

Mit dem Stampflehmbau in Frankreich, Pisé genannt (von piser = stampfen), wurden im Lyonnais und der Dauphiné selbst Schlösser und Herrenhäuser gebaut. Eines der ältesten liegt im Dorf Messimy in der Nähe von Villefranche sur Saône, unweit der Autobahn von Lyon nach Macon. Die Bauarbeiten für das Lehmschloß von Messimy wurden 1670 in Auftrag gegeben. Das bis auf den Außenputz gut erhaltene Gebäude war bis zum Ende des 19. Jahrhunderts der Familienbesitz der Grafen von Montbriant.

Viele Zeugnisse deuten in Frankreich darauf hin, daß der Ursprung des Pisébaus auf die Römer zurückgeht und von Generation zu Generation im Lyonnais und in den benachbarten Provinzen weiterent-

wickelt wurde. Bei archäologischen Ausgrabungen fand man Indizien für frühe Stampflehmbauten, insbesondere in den Provinzen Dauphiné und France-Comté. Auch in Lyon wurden auf den Hügeln von Fourvières, wo sich früher ein römischer Stadtteil befand, Spuren von Stampflehmbauten auf Mauersockeln entdeckt. Heute existieren in der Gegend um Lyon und Grenoble noch ganze Ortschaften, die zu 95 % aus Stampflehm erbaut wurden. Im Lehmdorf Dolomieu, in der Nähe von La Tour-du-Pin, 30 km von Chambéry entfernt, sind die ältesten der in Pisétechnik erbauten Häuser weit über 100 Jahre alt. Die meisten von ihnen sind nicht so leicht als Lehmhäuser auszumachen, da sie, wie die Kirchen des Ortes (Abb. 3), außen ganz verputzt sind. Das stattliche Bürgermeisterhaus von Dolomieu trägt sogar Stuck.

Ein Schloß im Saône-Tal bei Lyon, im 17. Jahrhundert gebaut.

Kirche aus Stampflehm im Gebiet der Rhône-Alpes.

Bürgermeisteramt in Dolomieu, Stampflehmbau.

Die Stampflehmhäuser in dieser Gegend können aber getrost auch ohne Verputz Wind und Wetter ausgesetzt werden, da der steinige Berglehm des Lyonnais besonders widerstandsfähig gegen Regen ist. In der Regel kann er ohne besondere Aufbereitung verstampft werden. Der achtzigjährige Bauer Bron aus Dolomieu, der nach dem Ersten Weltkrieg sein eigenes Haus errichtete und dann an mehreren Häusern von Nachbarn mitgebaut hat, erzählt, wie das damals vor sich ging: »Erst mal machten wir eine Grube beim Haus, aus der wir Lehm abstachen, den wir in dem Loch zerkleinerten und durchmischten. Dann wurde er mit dem Karren zur Baustelle transportiert. Zwei von uns machten die Körbe voll und trugen sie hoch zur Holzschalung, wo der Lehm in dünnen Schichten von den kräftigsten Kerlen festgestampft wurde. Die Arbeit war sehr hart, aber wenn der Rohbau fertig war, gab es immer ein großes Fest. Mit der Pisétechnik wurden hier auch noch nach dem Zweiten Weltkrieg viele Häuser gebaut. Heute ist die Baumethode den Leuten nicht mehr schnell genug. Allein um den Rohbau zu erstellen, brauchten wir oft ein halbes Jahr, da wir immer wieder warten mußten, bis eine Schicht trocken war. Aber damals hatte man eben noch mehr Zeit als heute.«

Die Pisétechnik erkennt man bei unverputzten Häusern sofort an den viereckigen Löchern, die von den Kanthölzern der Querverbindungen herrühren, mit denen die Holzschalung in der Distanz der Mauerstärke zusammengehalten wird.

Scheune mit den charakteristischen Löchern einer Pisé-wand, die von den Schalungsarbeiten zurückbleiben.

Unverputztes Gehöft aus Stampflehm in Dolomieu.

Front des Wohnhauses in Dolomieu.

Große Kieselsteine im Fischgrätenmuster an Lehmbauten der Dauphiné. Sie schützen die Oberfläche vor Wind und Wetter.

Ein grüner Pelz an einer Stampflehm-Fassade.

Viele Stampflehmhäuser blieben, wie das Gehöft von Bauer Bron, im traditionellen Stil, jahrzehntelang unverputzt, ohne daß dadurch die Außenfassade Schaden gelitten hätte. Auch Kletterpflanzen scheinen die Wandstruktur der Pisébauten nicht anzugreifen, da man in der Gegend überall auf Stampflehmhäuser stößt, deren Fassade mit einem dichten Grünpelz aus Efeu oder Wildem Wein bewachsen ist. In der Ortschaft Saint-Siméon de Pressieux bei Grenoble findet man

besonders viele Lehmhäuser, bei denen die Fassaden der Häuser mit großen Kieselsteinen dekorativ verblendet wurden. Die im Fischgrätenmuster angeordneten Steine harmonieren überaus gut mit der Lehmarchitektur, schützen gegen Spritzwasser und geben den Häusern anmutige Gesichter.
In demselben Ort existiert auch ein eindrucksvolles Zeugnis moderner Industriearchitektur, eine um 1882 erbaute Arbeitersiedlung aus Stampflehm. Die Gruppe CRATerre

Ansichten eines Stampflehmhauses mit und ohne Dekor, entworfen von François Cointéreaux.

aus Grenoble, die auf Lehmbauforschung spezialisiert ist, hat angeregt, dieses einmalige Dokument der Lehmbaukultur der Dauphiné unter Denkmalschutz zu stellen. Die Arbeitersiedlung, die als Stampflehmbau erst 1981 erkannt wurde, geht wahrscheinlich auf Theorien und Architekturvorschläge des französischen Architekten François Cointéreaux aus der Zeit zwischen 1789 und 1815 zurück. So gibt es von Cointéreaux Entwürfe für ein Stampflehmhaus mit Dekor und dasselbe Haus als Billigausführung ohne Dekor, angepaßt an die Bedürfnisse der Arbeiterklasse, wie Cointéreaux in der Baubeschreibung betont.

Cointéreaux, einer der Pioniere des neuzeitlichen Lehmbaus in Frankreich, hat sein ganzes Berufsleben der Modernisierung der Lehmbautechnik gewidmet. 1793 erschien seine »Schule der Landbaukunst«, ein architektonisches Lehrbuch, das die Kunst des Pisé in zahlreichen Kupferstichen veranschaulichte und den Lehmstampfbau in Europa wieder populär machen wollte. Cointéreaux war vom Wert des Lehmbaustoffs so überzeugt, daß er sein Buch darüber auch als »Streitschrift« gegen all jene verstand, die den Lehmbau in Zweifel zogen:

*»Die Möglichkeit, Häuser zwei oder sogar drei Stockwerke aus bloßem Erdstoff zu erbauen, auf die Fußböden dieser Stockwerke die schwersten Lasten zu bürden und mit Lehm sogar Fabriken zu errichten, setzt jedermann oder eigentlich diejenigen in Erstaunen, welche nicht die Gelegenheit gehabt haben, diese ganz eigene Bauart zu sehen.«*

Im 19. Jahrhundert geriet durch den wachsenden Gebrauch von gebrannten Ziegeln auch in traditionellen Lehmbaugebieten Frankreichs der Baustoff Erde immer mehr in den Ruch von Armseligkeit. Bis zum Zweiten Weltkrieg blieb das Bauen mit Lehm noch eine Konstruktionsweise, die von der Landbevölkerung beherrscht und durch das gegenseitige Helfen beim Bauen in der Dorfgemeinschaft am Leben erhalten wurde. Durch den Exodus vom Land in die Stadt ging diese Tradition immer mehr verloren. Der Lehmbau wurde schließlich von der modernen Bauindustrie und ihren standardisierten Produkten völlig verdängt.

Ziegelei auf der Insel Mayotte, die stabilisierte Lehmsteine für den Selbstbau von Wohnungen herstellt.

## In Grenoble –
## Die Pionierarbeit von CRATerre

Die Wiedernutzbarmachung vergessener Techniken des Lehmbaus durch systematisches Sammeln von Informationen darüber ist eines der vielen Ziele von CRATerre (Centre de Recherche et d'Application Terre), das Zentrum zur Erforschung und Anwendung von Lehmbau in Grenoble. CRATerre wurde 1973 von jungen Architekten und Dozenten der Architekturschule in Grenoble als Non-Profit-Unternehmen gegründet. Patrice Doat, Architekt und Mitglied von CRATerre, sagt dazu:
*»Wir beschäftigen uns zunächst mit der Analyse des Materials, weil es ja ein äußerst wirtschaftlicher Baustoff ist. Man nimmt die Erde vor Ort, braucht nicht dafür zu bezahlen, und sie läßt sich meist sehr einfach verarbeiten. Das ist eine ideale Voraussetzung für den Selbstbau, für den wir uns schon als Studenten interessierten. Glücklicherweise haben wir heute erstmals eine Zeit, wo wir verlorengegangene Rezepte wieder in Ruhe ausprobieren und verbessern können.«*
Neben der Förderung des Lehmbaus in Europa kümmern sich CRATerre-Mitarbeiter auch um zahlreiche Lehmbauprojekte in der Dritten Welt, die nach Möglichkeit in unmittelbarem Kontakt mit der ortsansässigen Bevölkerung durchgeführt werden. Die Architekten und Ingenieure von CRATerre sind dabei die animierenden Fachleute, die ein Projekt in Gang bringen, bevor es die Behörden eines Entwicklungslandes in Eigenregie übernehmen. Sie gründen vor Ort Anlaufstellen für technische Hilfe, richten mit einfacher Technik (so z.B. Handpressen für stabilisierte Lehmsteine Ziegeleien ein, bilden Maurer aus und beraten bei der architektonischen Planung.
*»Wirtschaftliches Bauen mit leichter Verarbeitung das ist Ausgangsbasis für eine erfolgreiche Hilfe in den Ländern der Dritten Welt, die in der Tat neben ihren ökonomischen Problemen unvorstellbare Wohnungsprobleme haben. Unser größtes Projekt von 1500 Wohnungen wurde 1980 auf der Insel Mayotte in der Straße von Mosambik mit einem*

Cooperative. Aus stabilisierten Lehmsteinen 1981 errichtet auf der Insel Mayotte.

Rathaus aus Lehmsteinen auf der Insel Mayotte.

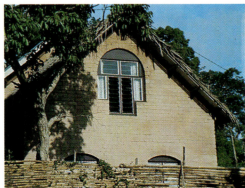

lokalen Wohnungsbauunternehmen begonnen. Wir machten zuerst eine Untersuchung darüber, was machbar ist, analysierten die Lehmbeschaffenheit und suchten erste Kontakte zur Bevölkerung. Später bildeten wir dann Handwerker aus und richteten Baustellen ein. Auf der ganzen Insel wurden 19 Produktionseinheiten verteilt, um die Transportkosten zur Baustelle gering zu halten. Jedes Dorf, in dem gebaut wurde, hatte seine eigene Ziegelei, seine eigene Bautätigkeit mit den Arbeitskräften, die es dort gab. So wurden auch 80 Schulen und viele Bürgermeistereien aus Lehm gebaut. Die Wohnhäuser entstanden zur Hälfte im Selbstbau durch die Bewohner, die in einem dreimonati-

Lehmbaukurs in Grenoble. Studenten lernen Lehmkuppeln zu mauern.

gen Lehmbaukurs trainiert wurden, und die dann hervorragende Arbeit leisteten.« (Patrice Doat, CRATerre) Der Arbeit von CRATerre ist es zu verdanken, daß Lehmbau in Grenoble heute als neuer Studienzweig mit einem akademischen Abschluß angeboten wird. CRATerre führt in Grenoble außerdem regelmäßig Lehmbaukurse durch, an denen neben Studenten aller Nationen interessierte Architekten und Laien teilnehmen können. Sie lernen in sechs Monaten praktischer und theoretischer Ausbildung u.a. die verschiedenen Techniken des Lehmbaus, wie man das Material auf seine Eignung hin untersucht, eine Lehmbaustelle optimal organisiert und bei der Bauverwaltung durchsetzt. Patrice Doat stellt in Frankreich dafür ein wachsendes Interesse fest: *»Zur Zeit gibt es eine deutliche Renaissance des Lehmbaus, eine Wiederentdeckung von Baumethoden, die sich hier in Frankreich in Hunderten von Jahren entwickelt haben. Selbst das französiche Ministerium für Wohnungsbau bekundet neuerdings sein Interesse. Sicher ist es bislang nur eine kleine Gruppe von ökologisch orientierten Leuten, die wirklich damit umgeht. Aber es existiert die Sensibilität dafür, die sich ständig verstärkt. Wir wissen, daß inzwischen auch große Unternehmen eigene Forschungen über die Verwendung von Lehmkonstruktionen im Wohnungsbau betreiben.«*

| Die Erde wird mit mechanischem Gerät festgestampft. | Fahrbarer Motorhäcksler | Baustelle in Isle d'Abeau. | Baukräne transportieren Stampflehm zur Schalung. |
|---|---|---|---|
| | Industriell hergestellte Lehmbausteine. | | |

## In Isle d'Abeau –
## Sozialbauten aus Lehm

Mitarbeiter von CRATerre haben auch die Beratung für das derzeit größte Lehmbauprojekt in Europa übernommen: für den Bau von 64 Häusern im Rahmen des sozialen Wohnungsbaus in Isle d'Abeau, einer neuen Kommune zwischen Lyon und Grenoble. Daß ein Unternehmen von diesen Ausmaßen in Frankreich möglich wurde, zeigt deutlich den Bewußtseinswandel, der durch eine unsichere Energiezukunft eingetreten ist. Einer der Initatoren des Projektes ist der belgische Architekt Jean Dethier, der 1982 die Lehmbauausstellung im Centre Georges Pompidou in Paris zusammengestellt hat. Jean Dethier beschreibt, wie es dazu kam, so:
»*Als ich die Ausstellung im Centre Pompidou konzipierte, habe ich gleich versucht, diese kulturelle Unternehmung mit dem Bau eines experimentellen Quartiers in Isle d'Abeau zu verbinden. Wir haben dafür Interesse bei der Regierung und bei den lokalen Behörden wecken können, weil ein solches Unternehmen von großer Bedeutung für die europäische Öffentlichkeit ist. Aber auch für die Entwicklungsländer ist es sicher von Belang, daß hier in Europa ein Wohnviertel mit über 60 Häusern in moderner Lehmbautechnik errichtet wird, denn das ist eine überzeugende Demonstration, daß dieses Material für uns kein Notbehelf mehr ist. Nach einem nationalen Wettbewerb wurden die Entwürfe von 10 Architekten für das Projekt ausgewählt, und so konnte das, was in der Ausstellung bereits als Idee angelegt ist, in die Realität umgesetzt werden.*«

Die Bauarbeiten begannen im Frühjahr 1984, und bereits im Herbst desselben Jahres waren sämtliche Häuser im Rohbau fertig. Um möglichst viele Erfahrungen bei diesen Lehmhäusern sammeln zu können, wurden in Isle d'Abeau fast alle für Zentraleuropa in Frage kommenden Lehmbaumethoden angewandt. So errichtete man eine Reihe von Häusern in der traditionellen Stampflehmbauweise mit Anleihen bei Baustil der Region. Dabei bediente man sich, so oft es ging, moderner Technik. Baukräne übernahmen das Hochtragen der Erde, und das für Menschen anstrengende Feststampfen des Lehms besorgten Preßluftstampfer. Als Schalungen wurden sowohl konventionelle aus Holz als auch die im Betonbau erprobten Leichtmetall-

Haustyp der französischen Architektengruppe Ersol, die das eigentliche Stampflehmhaus unter einem Glasdach schützt.

Baustelle in Isle d'Abeau.

Interessante Reihenhaustypen in der Leichtlehmbauweise.

Wärmespeicherwand: Lehmsteine und Solar.

schalungen verwendet. Die Erde wird vor dem Verarbeiten mit einem fahrbaren Motorhäcksler zerkleinert und durchgearbeitet. Für die Wohnblocks aus ungebrannten, stabilisierten Lehmsteinen kam das Material fix und fertig von einem darauf spezialisierten Lehmsteinhersteller. Auch in Isle d'Abeau benutzen die Architekten es teilweise für wärmespeichernde Wände in Verbindung mit passiven Solarmaßnahmen. Neben dem Lehmsteinbau hat sich hier auch der für Frankreich ganz neue Leichtlehmbau durchgesetzt. Wegen der guten Wärmedämmung verspricht man sich von dieser Lehmbautechnik große Chancen für das Wiederaufleben des Lehmbaus in den kalten und regnerischen Teilen Frankreichs. Architekt Hubert Guillot, der CRATerre vertritt und das Lehmbauprojekt in Isle d'Abeau betreut:

»*Nachdem alle Häuser im Rohbau fertig sind, haben erste Berechnungen ergeben, daß die verschiedenen Lehmbautechniken, die hier benutzt wurden, weder billiger noch teurer waren als die sonst im sozialen Wohnungsbau üblichen. Dennoch glauben wir, daß dieses Projekt eine Signalwirkung für ganz Frankreich haben wird, weil es Energie einspart und damit die Umwelt weniger belastet. Wir haben zudem bewiesen, daß ein moderner Lehmbau sich durchaus für ein so großes Projekt eignet.*«

Das »Centre Terre« in Balma bei Toulouse nach der Fertigstellung.

Wölbungen und Überdachungen.

Die Halbsonne eines Fensters.

Lehmputz an der Außenfassade und Atelierfenster in Form eines Eies.

In Isle d'Abeau, innerhalb der engen Grenzen des sozialen Wohnungsbaus, waren formale Experimente mit dem Baumaterial Lehm kaum möglich. Für den engagierten Einzelgänger Colzani aus Balma bei Toulouse ist die weiche Formbarkeit des Lehms aber gerade das, was ihn herausfordert. Colzanis Begeisterung für das Material geht so weit,

*In Balma bei Toulouse –*
**Das »Centre Terre«**

Mosaiken und Reliefs in den Lehmsteinen der Innenwände.

daß er in Balma auch den Neubau seines Architekturbüros zu einem Demonstrationszentrum für den Lehmbau ausgestaltet, mit Räumen für Ausstellungen und Diavorträge sowie für eine Bibliothek. Bereits von außen zieht das Gebäude mit seinen Rundbögen, Tonnengewölben und den harmonischen, runden Formen die Aufmerksamkeit auf sich. Die ungebrannten Lehmziegel blieben in den Innenräumen unverputzt, und ihre weichen Strukturen animierten den Architekten zu allerlei plastischen Gestaltungsversuchen.

»*Ungebrannte Lehmsteine sind ein weicher Stoff, den man leicht auch nachträglich noch modellieren kann, und es hat uns viel Spaß gemacht, in der bereits gemauerten Wand ein Mosaik zu verlegen. Das Material fordert zum Spielen heraus. Man kann immer wieder alles ändern, bis man die Form gefunden hat, die einem gefällt. Auch die Maurer haben bei diesem Spiel mitgemacht. Sie hatten ihren Spaß daran, Ziegel mal auf den Kopf zu stellen, Bögen zu machen und das Mauerwerk zu variieren. Vieles, wie das Fenster mit den Flaschen, das wie ein Auge aussieht entstand ohne vorherigen Plan.*«

Architekt Colzani bezieht seine Lehmsteine inzwischen aus eigener Produktion. In der Nähe von Toulouse hat er eine Scheune gemietet, in der ein Hilfsarbeiter täglich bis zu 300 stabilisierte Lehmsteine mit einer maschinellen Presse herstellt. Diese Steine verwendet Colzani immer häufiger in Einfamilienhäusern für Speicherwände in Verbindung mit Sonnengewächshäusern.

Als zusätzliche Isolierung stampft Moretti über die Dachgewölbe mehrere Schichten Lehm.

*Auf Korsika –*
**Ein Kupferschmied baut nubische Gewölbe**

Das Atelierhaus von Moretti — nubisches Gewölbe mit Stampflehm kombiniert.

Das mit Kalkschicht überzogene Lehmdach des Ateliers mit Abflußrinne für Regenwasser.

In Frankreich gibt es seit 1980 immer mehr Architekten und ökologische Gruppen, die mit neuen Lehmbauprojekten (vorwiegend in der Umgebung von Reims, bei Toulon und im Lyonnais) bewußt an die regionalen Lehmbautraditionen anknüpfen. Manchmal entstehen solche Initiativen aber gerade dort, wo man es am wenigsten erwarten würde. Im steinigen Korsika packte einen aus Marseille stammenden Franzosen plötzlich die Leidenschaft für den Lehmbau. Christian Moretti war vor einigen Jahren erst nach Lumio gekommen. Er lernte das Kupferschmiedehandwerk und verdient inzwischen seinen Lebensunterhalt damit, den korsischen Schäfern Töpfe zu reparieren, alte Musikinstrumente, Lampen und allerlei Gerätschaften herzustellen. Mit dem Lehmbau kam er zum ersten Mal in Berührung, als der ägyptische Architekt Hassan Fathy — ein Vorkämpfer für den modernen Lehmbau in seiner Heimat — zu einem Lehmbauseminar nach Korsika eingeladen wurde. Moretti nahm an dem einwöchigen Kursus teil und erlernte dort unter anderem die nubische Technik, Gewölbe aus ungebrannten Lehmziegeln ohne Verschalung herzustellen. Diese afrikanische Überdachungstechnik kombinierte der Autodidakt mit dem Stampflehmbau, als er 1982 ein geräumiges Atelier errichtete, das er bis zum Bau des eigentlichen Wohnhauses mit seiner Familie bewohnt.

Christian Moretti:
»Ich habe das Atelier ganz allein in fünf Monaten mit der Hilfe meines Schwiegervaters gebaut. Leider haben wir selbst keinen guten Lehm

und mußten das Material von einer Grube herfahren lassen. So kostete der Rohbau ungefähr 3000 Mark. Die Steine für das Gewölbe haben wir alle selbst mit einer geliehenen Handpresse hergestellt. Die nubische Gewölbetechnik ist eigentlich sehr einfach, wenn man erst einmal weiß, wie es geht. Man spart die Kosten für eine Holz- oder Betondecke und erhält einen enorm belastbaren Raumabschluß. Wir bauen damit jetzt ein wesentlich größeres Haus mit 300 qm Wohnfläche. Auch hier bauen wir die Gewölbe, wie im Atelier, auf Stampflehmmauern auf.«

Über dem Gewölbe füllte Moretti auch noch Erde auf, die festgestampft wurde. Diese dicke Schicht aus Lehmerde über dem Dach dient als zusätzliche Isolierung gegen Hitze und Kälte und garantiert eine lange Lebensdauer. Nach dem Stampfen wurde sie einfach gekalkt, damit die Erde nicht vom Regen abgewaschen wird.

Innenwände aus ungebrannten Lehmziegeln.

Aufbringen eines mit Blähbeton versetzten Lehmverputzes im Ökodorf, Kassel.

Wärmedämmende Außenwand, gestampft aus Blähton und Lehm.

*In Kassel –*
**Ökodorf aus Lehm**

Kassel begonnen. Die Einfamilienhäuser sollen alle weitgehend aus Lehm sein, und der Baustoff Erde ist auch die Grundlage für ihre Grasdächer.
Der Lehm wird in Kassel, wie im traditionellen Fachwerkbau, vorwiegend als Ausfachungsmaterial benutzt. Decken- und Deckenlasten tragen Holzskelette. Mit den witterungsempfindlichen Lehmarbeiten wurde erst nach dem Dachaufbau begonnen. Als Ausfachungsmaterial benutzen die Architekten der Öko-

samthochschule Kassel entwickelte Leichtlehmtechnik ohne das übliche Stroh verwenden. Sie wird in einer Schalung gestampft und besteht aus ca. 70 % Blähton und 30 % Lehm. Problematisch an dieser Technik ist allerdings, daß Blähton relativ teuer ist und unter großem Aufwand an Energie hergestellt wird. Eine Mischung aus winzigen Blähtonkugeln und Lehm wird im Haus Minke in Kassel auch als wärmedämmender Innenputz verwendet.
Alle Häuser der Ökosiedlung

Genau wie in Frankreich gibt es auch in einigen Regionen der Bundesrepublik Anzeichen für eine Wiederaufnahme des Lehmbaus. Das vom Umfang her bedeutendste Projekt wurde im Sommer 1984 mit dem ersten Bauabschnitt für eine ökologische Siedlung von 50 Häusern in

siedlung in erster Linie mit Lehmmörtel gemauerte Rohziegel, die von einer Kasseler Ziegelei bezogen werden und um etwa 25 % billiger als gebrannte Ziegel sind. Für die Außenwände der Häuser wird teilweise auch eine neue, am Lehrstuhl für experimentelles Bauen der Ge-

bekommen später als Wetterschutz einen regenfesten Mantel aus Holzbrettern.
Das Dach im Haus Minke ist eine besondere Attraktion. Nach dem Vorbild indianischer Kivas, ist es aus kurzen Knüppelholzstücken zusammengesetzt, worauf später die Erdla-

Haus Minke im Bau, Ökodorf Kassel.

Dach aus kurzen Rundholzstücken nach dem Vorbild indianischer Kivas, Haus Minke.

sten für das Grasdach aufgebracht werden.
Die Architekten der Siedlung, Gernot Minke von der Gesamthochschule Kassel und Manfred Hegger, bauen auch Lehmhäuser für den Eigenbedarf und hatten keine Probleme, andere Bauherren aus Kassel für das Lehmbauexperiment zu gewinnen. Selbst Bauunternehmen stellen sich relativ schnell auf die unübliche Lehmbauweise ein.
»*Sowohl die Firmen als auch die Bauarbeiter waren am Anfang sehr skeptisch. Inzwischen sehen alle jetzt auch die gesundheitlichen Vorteile, mit einem Material zu arbeiten, das die Hände nicht so auslaugt und das sich genauso gut wie andere Baustoffe verarbeiten läßt.*«
(Manfred Hegger)
»*Vielleicht sollten wir noch anmerken, daß das Bauen mit Lehm heute vor allem eine Chance für Selbstbauer ist, bei denen Arbeitsstunden nicht so zu Buche schlagen. Das Schwierige ist jedoch, den Sprung zu machen hin zum industrialisierten Bauen, zum Bauen mit Maschineneinsatz, damit man in größerem Maße Lehm verwenden kann. Da sind wir sicher noch am Anfang. Wir können die traditionellen Techniken nicht mehr anwenden, wenn wir dabei nicht enorm viel Arbeitszeit einsparen. Da es nur sehr wenige Handwerker und Baufirmen gibt, die im Lehmbau erfahren sind, ist es auch eine dringende Aufgabe, wieder Handwerker, Architekten und Ingenieure im Lehmbau auszubilden. Erste Schritte in diese Richtung sind Lehmbaukurse, die wir an der Gesamthochschule in Kassel durchführen.*« (Gernot Minke)

Grasbewachsenes Erdkugelhaus auf dem Versuchsgelände der Gesamthochschule Kassel, das innen als Naß-Zelle fungiert.

Kuppelbau aus Stampflehm.

*Gesamthochschule Kassel –*
**Lehmbauforschung und Ausbildung**

Das Forschungslabor für Experimentelles Bauen an der Gesamthochschule in Kassel betreibt seit Jahren schon intensive Forschungen mit vielen praktischen Versuchen, um Lehm in größerem Umfang wieder im modernen Wohnungsbau einsetzen zu können. So wurde eine Reihe von Neuerungen erarbeitet, die den Lehmbau weniger arbeitsaufwendig machen und bisher unbekannte Anwendungsmöglichkeiten erschließen. Da zum Beispiel beim Stampflehmbau das Umsetzen und Justieren der Schalung viel Zeit kosten kann, konstruierte das Forschungslabor ein neues Schalungssystem, bei dem nach dem Stampfen eines Abschnitts die Schalung ohne neue Justierung nach oben oder zur Seite gezogen werden kann. Als Ersatz für den Handstampfer entwickelte das Minke-Team einen fahrbaren elektrischen Vibrationsrüttler, der sich von alleine in der Schalung bewegt und den Lehm sehr gut verdichtet. Allein durch die einfacher zu handhabende Schalung und den Rüttler lassen sich nach Berechnungen der Forscher 80 % der Arbeitszeit gegenüber herkömmlichen Stampflehmtechniken einsparen. Durch die starke Verdichtung mit dem Rüttler erhält man zudem eine perfekte Lehmwand ohne die sonst unvermeidlichen Schrumpfrisse.

Auf einem Gelände für Versuchsbauten neben der Gesamthochschule können neuentwickelte Techniken des Lehmbaus gleich in der Praxis ausprobiert werden. Hier fungiert das »Erdinnere« einer mit Gras bewachsenen Erdkugel als Naßzelle. Die experimentierfreudigen Lehmforscher haben eine Duschkabine mit einem speziellen Lehmverputz versehen, um in einem Langzeittest die Wasserfestigkeit zu erproben.
Eine ganz neue Technik des Kasseler Forschungsinstitutes verbirgt sich auch hinter einem kleinen, im Versuchsgelände errichteten Lehmkuppelbau. Es handelt sich hierbei um die vermutlich erste aus Lehm gestampfte Kuppelkonstruktion. Um sie errichten zu können, entwickelte das Forschungslabor eine viel-

Massiver Lehmofen zum Heizen und Kochen und zur Warmwasserbereitung.

Tonnengewölbe in nubischer Mauertechnik aus luftgetrockneten Lehmsteinen.

fältig verwendbare Rotationsgleitschalung, mit der sowohl senkrechte Wände als auch Kuppeln erstellt werden können. Die Schaltafeln bestehen aus elastisch gelagerten Elementen, so daß sich für die äußeren und inneren Schalungstafeln eine beliebiger Krümmungsradius einstellen läßt. Die zwei Meter hohe Kuppel wurde über einem sechseckigen Stampflehmbau errichtet, mit dem zusammen sie ein kleines Häuschen bildet, das, liebevoll ausgestaltet, gelegentlich Schlaf- und Aufenthaltsraum für Freunde und Besucher ist. Die Rundbogenfenster des Kuppelhauses entstanden auf verblüffend einfache Weise, indem sie nämlich nachträglich aus dem noch feuchten Stampflehm herausgeschnitten wurden. Eine zusätzliche Lichtquelle erhielt man dadurch, daß man den

oberen Teil der Kuppel offen ließ und mit einer pyramidenförmigen Lichtkuppel aus Glas abdeckte. Erstmals in Kassel angewendet wurde eine neue Lehmbautechnik, die mit bis zu drei Meter langen, gepreßten Lehmsträngen operiert. Das Forschungslabor entwickelte dafür ein Gerät aus einem Tonschneider, dessen Kosten sich auf 5.000 Mark belaufen. Die 10 bis 20 cm dicken Lehmstränge kann man in plastischem Zustand ohne Schalung und Mörtel zu einer Wand aufschichten, wodurch weiche, organische Formen entstehen. Im Innenbereich schaffen diese Wülste lebhafte Strukturen, mithilfe dieser Technik kann man auch Bänke, Nischen und Trennwände bauen.

Zwei Studierende am Forschungslabor haben im Rahmen einer Projektstudie einen massiven Lehmofen entwickelt, der, ähnlich wie ein Kachelofen, durch seine Speichermasse vorwiegend als gesunde Strahlungsheizung arbeitet. Neben dem Heizen und Kochen kann mit dem Ofen, durch die geschickte Integration eines ausgedienten Badeboilers, Wasser gewärmt und über Heizzüge eine Sitzbank temperiert werden. Der vielseitige Ofen wurde aus Lehm gestampft. seine weichen Rundungen und Ausbuchtungen konnten mit Messer und Mauerkelle im noch feuchten Lehm modelliert werden. Wegen des wachsenden Interesses von Architekten, Handwerkern und Bauherren an Ausbildungsmöglichkeiten gibt es in Kassel seit 1983 Einführungskurse für den Lehmbau.

Gartenhaus der Waldorfschule, Mannheim, gebaut in der Dünner Lehmbrot-Bauweise.

*Heute und früher –*
**Bauen mit Lehmbroten**

Wie der alte Lehmbau plötzlich wieder »Schule machen« kann, zeigt ein Experiment der Waldorfschule in Mannheim. Mit der achtzigjährigen Lehmbauerin Adelheid Weertz wurde an dieser Schule der Plan ausgeheckt, zusammen mit den Schülern ein Gartenhaus in dem traditionellen »Dünner Lehmbroteverfahren« zu errichten, das in den 20er Jahren in Dünne bei Herford entwickelt worden war.

Für dieses in der Geschichte des Lehmbaus einmalige Verfahren muß zunächst einmal mit Wasser angesetzte Lehmwerde in eine gut knetbare Lehmpampe verwandelt werden. Im Sommer bewerkstelligt man dies am einfachsten dadurch, daß man die Masse mit den nackten Füßen durchstampft. Für Kinder nicht nur ein großes Vergnügen, sondern auch Zuwachs an Erfahrung im direkten, sinnlichen Kontakt mit dem Baumaterial Lehm. Der gut durchgearbeitete Lehm wird anschließend mit den Händen als Werkzeugen an improvisierten

Kinder der Waldorfschule stampfen den feuchten Lehm zu einer geschmeidigen Masse.

Lehmbrote werden mit der Hand geformt.

Das Holzrahmenskelett wird mit den noch feuchten Lehmbroten ausgefacht.

Wandstruktur mit Lehmbroten, unverputzt.

Tischen zu Ballen oder »Broten« geformt. Sie haben etwa die Größe eines Ziegelsteins und können unmittelbar nach dem Formen, noch feucht, ohne Mörtel im Mauerverband zu Wänden übereinandergetöpfert werden, die beim Abtrocknen zu einer festen Masse verkleben. Überstehende Teile des Ballens drückt man einfach mit den Händen nach innen. Damit der Putz besser hält, werden in die feuchten Brote mit den Fingern kleine Löcher gebohrt. Mit dieser äußerst einfachen Möglichkeit zum Selbstbau wird an der Waldorfschule in Mannheim nach und nach eine überdachte Holzrahmenkonstruktion ausgefacht.

Die Idee zum »Dünner Lehmbroteverfahren« brachte der Pastor und Missionar Gustav von Bodelschwingh aus Afrika mit; er entwickelte sie in Dünne allmählich zu einer eigenständigen Bauweise. In den Jahren nach dem Ersten Weltkrieg, als es überall an Kapital und Material zum Bauen mangelte, wollte Bodelschwingh mit dieser Lehmbauweise Arbeitslosen und Heimarbeiterfamilien seiner früheren Gemeinde zu einem kleinen Siedlungshaus verhelfen, das überwiegend in Selbst- und Nachbarschaftshilfe ausgeführt werden sollte.

Provisorisch aufgeständerte Dachkonstruktion; sie schützt die im Aufbau befindliche Lehmwand vor Witterungseinflüssen.

In den 20er Jahren errichtetes Wohngebäude aus Lehmbroten in Dünne.

Das erste von Pastor Gustav von Bodelschwingh errichtete Lehmbrote-Haus in Dünner Holz.

Zuerst stand ihm die Aufgabe bevor, gängige Vorurteile gegenüber dem Lehmbau auszuräumen: er tat es, indem er das erste Haus für sich selbst baute. Agnes Rösler, die damals bei Gustav von Bodelschwingh als Sekretärin tätig war, erinnert sich:
»*Pastor von Bodelschwingh kam aus Afrika zurück mit einem Lehmbauverfahren, das hier in der Gegend gänzlich unbekannt war: die Lehmballen-Bauweise. Er kam hierher in seine alte Gemeinde und sah viele, die früher als Heimarbeiter für eine Zigarrenfabrik ihr Geld verdient hatten, nun arbeitslos und in großer Wohnungsnot. Er sagte ihnen: ›Ihr habt den Lehm auf Eurem Grundstück und könntet ungeheuer viel sparen, wenn Ihr damit selber bauen würdet‹. Und da kam die Antwort: ›Herr Pastor, Sie wohnen im Stein und wir sollen im Dreck wohnen.‹ Und folglich, sagte er sich, muß ich das erste Haus für mich selber bauen. Damit überzeugte er schließlich alle. Es war eine sehr schöne Zeit für uns, weil bei der Bauerei praktisch jeder mitmachen konnte, auch wir Frauen und viele Kinder. An jedem Tag wurden meistens nur 2-3 Schichten der Lehmbrote übereinandergelegt, damit sie trocknen konnten bis zum nächsten Tag. Es wurde ja das Dach zuerst errichtet nach der ersten schlimmen Erfahrung, daß eine Mauer wegschwamm im Regen. Da lernte man, daß man zuerst das Dach auf Stützen errichten mußte*«.
Wegen dieser provisorischen Stützen, die vor der Errichtung der Lehmwände das Dach und die Ziegel tragen, gilt die Dünner Lehmbauweise, gemäß der Lehmbauordnung vom Oktober 1944, als »Lehmständerbauweise«, obwohl die massiven Lehmbrotewände nach dem Trocknen selbst die Dachlast übernehmen. Die Keile an den oberen Enden der Stützen wurden dann vorsichtig herausgenommen, damit die Dachlast auf die Lehmwände verteilt würde. Zwischen 1923 und 1949 entstanden im Umkreis von Herford, Bielefeld, Minden und Halle über 350 Siedlungshäuser in der Lehmbrote-Bauweise, die heute noch größtenteils erhalten sind. Lediglich die Fundamente und den Keller stellte man damals aus einem weniger feuchtempfindlichen Material her. Die meisten Häuser sind schon deswegen unterkellert, weil in der Regel der Lehm des Erdaushubs das Material für die Lehmwände war.

Gustav von Bodelschwingh verfaßte schließlich für die Selbstbauer eine anschauliche Darstellung des Lehmbroteverfahrens in Gedichtform, ausgestattet mit Zeichnungen seiner Tochter: »Ein alter Baumeister und was wir von ihm gelernt haben«. Damit meinte er die Schwalbe, die ihr Nest aus feuchten Lehmklumpen baut. Die Arbeit des »Lehmbaupastors«, wie Bodelschwingh in Dünne genannt wurde, wird heute von seiner Tochter Adelheid Weertz weitergeführt. Sie schreibt in einer Broschüre zu den Lehmbaukursen, die sie jedes Jahr in Schweden abhält:
»*Aus dem Maschinellen, Genormten heraus streben die Menschen heute zu neuer Einfachheit und zu unerschöpflichen Gestaltungsmöglichkeiten durch ein Bauen mit eigenen Händen. Mit praktischem Lernen und Üben bauen wir in Schweden einen für die Jugendarbeit bestimmten Hof auf, bei dem die Teilnehmer sämtliche Lehmbauweisen erlernen. Diese Kurse sind zugleich eine Antwort auf die vielen Fragen, die auf uns zukommen. Kenntnisse alter Lehmbaufachleute verbinden sich dabei mit dem neu entstandenen ökologischen Denken.*«

Verse von Pastor Gustav von Bodelschwingh aus seiner Broschüre »Ein alter Baumeister und was wir von ihm gelernt haben«.

### Das Aufrichten der Lehmwand.

Nun seht ihn an! Ohn' Kalk und Kleister,
Sei er Geselle oder Meister,
Legt hier Kollege Mauermann
Ein frisches Brot ans andre dran.
Und ob es regnet, ob es stürmt,
Das Dach von oben ihn beschirmt.
Das ist doch wirklich sehr bequem,
Sowohl für Menschen als für Lehm.

Marianne aber hier verlegt,
Damit der Lehm hinein sich prägt
Und weder rechts noch links kann weichen,
Das Reis von Tannen oder Eichen. —
Das beste bei dem ganzen Bau
Ist aber, daß die kleinste Frau
Und auch der allerkleinste Mann
Schon richtig dabei helfen kann.

Fünfstöckiges Pisé-gebäude in Weilburg an der Lahn, Hain-Allee. Erbaut von Wimpf in den Jahren 1825 - 28.

1736 veröffentlichter Grundriß und Senkrechtschnitt eines Bauernhauses, dessen Wände zur Brandsicherheit aus Lehm errichtet werden sollten. Um auch das Dach feuersicher zu machen, sollte das Haus anstelle eines hölzernen Dachwerks mit Natursteinen überwölbt werden, worauf, über einer Lehm- und Erdschicht, ein Dachgarten geplant war.

David Gilly (1748 - 1808), der um die Verbreitung des Lehmbaus in Preußen kämpfte.

---

## In Deutschland –
## Schauplätze der Lehmbaugeschichte

Die Geschichte des Lehmbaus in Deutschland ist in erster Linie die Geschichte des Fachwerkbaus. Daß die Germanen mit Holz und Lehm gebaut haben, kann man beim römischen Geschichtsschreiber Cornelius Tacitus nachlesen. Der Bau massiver Lehmhäuser blieb auf die wenigen, kurzen Phasen großer Holzknappheit beschränkt. Jochen G. Güntzel von der Fachhochschule Lippe in Detmold, der über die Geschichte des Lehmbaus in Deutschland arbeitet, ist zu neuen Erkenntnissen gekommen: *»Archäologische Forschungsergebnisse lassen heute den Schluß zu, daß es massive Lehmwände in Deutschland schon verhältnismäßig früh gab. Die Funde sind vom 9. - 14. Jahrhundert datiert; sämtliche bisher ermittelten Fundstellen liegen im sächsisch-thüringischen Raum. Da hier auch die ältesten noch vorhandenen Bauten gefunden wurden und auch die schriftlichen Quellen ein hohes Alter belegen, liegt der Schluß nahe, daß die Lehmbauweise in diesem Raum als eine alte bodenständige Bauweise anzusehen ist. Der Häusler, der ländliche Dorfbewohner, baute mit Lehm, insbesondere, wenn er keine Rechte an den Waldungen hatte. In Leipzig erschien schon im Jahr 1736 – Jahrzehnte, bevor sich staatliche Maßnahmen zur Förderung des Lehmbaus häuften – die erste ›Werbeschrift‹ für den massiven Lehmbau. Bauernhäuser sollten durch die Verwendung von massiven Lehmwänden feuersicher*

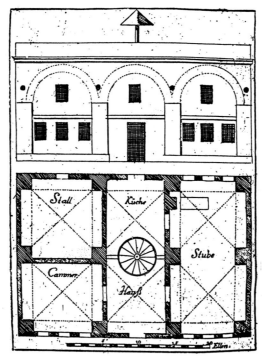

*gemacht werden; man empfahl, sie anstelle des Holz- oder Strohdachs mit Natursteinen zu überwölben und darauf, über einer Erdaufschüttung, einen Garten anzulegen. Ein Architektentraum, lange vor Hundertwasser und der Ökologiebewegung.«* Nach dem Ende des Siebenjährigen Krieges unternahm auch der preußische Staat erste Anstrengungen, den Lehmbau zu propagieren. Friedrich der Große verordnete mit einem Erlaß von 1764 die Einführung der Lehmbauweise, um etwas gegen die allgemeine Holzknappheit zu unternehmen und die Kolonisation der stein- und holzarmen Ostprovinzen zu fördern. Ein eifriger Verfechter des Lehmbaus war damals der in der preußischen Bauverwaltung beschäftigte Landbaumeister David Gilly. 1797 veröffentlichte Gilly in Berlin sein »Handbuch der Landbaukunst«. Vier Jahre zuvor war in Deutschland bereits die vielbeachtete Übersetzung von Cointéreaux's »Schule der Landbaukunst« erschienen, die für die Praxis des massiven Lehmbaus in Deutschland große Bedeutung hatte. Gilly ließ für einen Rittergutsbesitzer ein kleines Schloß in Kleinmachnow bei Berlin bauen (heute nur noch eine Ruine des Zweiten Weltkrieges).

Rundscheune auf dem Gut Bollbrügge in Ostholstein, 1831 aus Stampflehm gebaut. Die Außenwände sind 0,9 m stark, das kegelförmige Dach ist reetgedeckt.

Außenwand aus Stampflehm der Rundscheune.

Im Königreich Preußen wurden Lehmhäuser jedoch als Demonstration gebaut, um die Landbevölkerung von dem Baustoff Lehm zu überzeugen und sie dahin zu bringen, Bauholz einzusparen und feuerfeste Materialien zu verwenden. So wurde 1831 in Ostholstein auf dem Gut Bollbrügge eine Rundscheune mit Außenwänden aus Stampflehm errichtet, die heute noch als ein einzigartiges Beispiel früher Ingenieurbaukunst erhalten ist. Als Demonstrationsbau ist sicher auch das berühmte Wohnhaus des Branddirektors Boekmann einzustufen, das 1795 im schleswig-holsteinischen Meldorf in Stampflehmbauweise erbaut worden ist. Noch heute ist es sehr gut erhalten. Boekmann oblag wahrscheinlich die Brandwehr, und vielleicht wollte er mit dem ersten Stampflehmbau in Meldorf demonstrieren, daß mit massiven Lehmwänden besonders feuersicher gebaut werden kann.

Auch die Stampflehmbauten der ersten Hälfte des 19. Jahrhunderts in Weilburg a.d. Lahn sind in gewisser Weise Demonstrationsbauten des Regierungsadvokaten und Fabrikbesitzers Wilhelm Jacob Wimpf. Wimpf hat nicht nur mehrere Häuser und Fabriken aus Stampflehm errichtet, sondern er hat sich viele Jahre seines Lebens mit großem Engagement für die Verbreitung des Stampflehmbaus in Deutschland eingesetzt, weil er darin einen Fortschritt sah, nämlich *»wohlfeile, dauerhafte, feuerfeste und warme Wohnhäuser aus bloßer Erde zu erbauen«*. Durch den Verbrauch von Holz für Köhlereien und Ziegelbrennereien sowie für Fachwerkbauten und Grubenholz im Bergbau hatten die Wälder große Verluste hinnehmen müssen. Wimpf, der selber eine praktische Anleitung über die Pisébau veröffentlicht hatte, war nicht allein wegen der Holzersparnis und Feuerfestigkeit vom Stampflehmbau überzeugt. Er rühmte ihn vor allem wegen seiner Billigkeit und seiner guten Wärmedämmung und

Haus des Brandmeisters Boeckmann in Meldorf, Schleswig-Holstein; 1795 aus Stampflehm gebaut.

Mehrstöckiges Piségebäude in Weilburg an der Lahn, Bahnhofstraße 11. Das Wohn- und Geschäftshaus wurde gebaut von Metzler und Wimpf in den Jahren 1828/29. Wahrscheinlich das älteste Lehmstampf-Bauwerk in Deutschland.

kritisierte den Fachwerk- und Steinbau als kostspielig, kalt und feucht. Seine Versuche, dem Stampflehmbau in Deutschland zum Durchbruch zu verhelfen, blieben jedoch weitgehend auf die Weilburger Region beschränkt. Offenbar wurde der Pisébau von den Weilburger Handwerkern auch boykottiert, weil sie durch das einfache Verfahren, das auch Ungelernte beherrschten, ihre ökonomische Existenz gefährdet sahen. Wimpf spricht von der »Selbstsucht« der Bauleute und kommt zu dem Resultat: *»Den Bauleuten gefällt es nicht, daß ohne ihre Kunst Gebäude entstehen können. Sie warnen also davor und bespötteln ein Leimenhaus (Lehmhaus) als etwas Schimpfliches«.* Ferner vermißt er das Engagement von wohlhabenden Bürgern und Behörden: *»Wenn öffentliche Gebäude in Pisé ausgeführt würden und man daran auch Eleganz und Zeckmäßigkeit verbände, was sehr wohl verträglich ist, wenn Reiche nicht verschmäheten und es ihnen nicht als schimpflich dargestellt würde, in dieser Bauart etwas Vorzügliches entstehen zu lassen, so würde das alberne Vorurteil gegen das Leimenhaus bald gestört seyn«.*
In Weilburg ist eine Reihe von Stampflehmhäusern aus der ersten Hälfte des 19. Jahrhunderts erhalten. Die Gebäude sind heute etwa 150 Jahre alt und weisen keinerlei Schäden auf, obwohl sie an stark befahrenen Durchgangsstraßen liegen. Wimpfs Behauptung über die

Herstellung der Lehmstaken mit Langstroh.

Die eingesetzten Staken werden mit Lehm beworfen und verschmiert.

Die Lehmstaken werden in das Holzfachwerk eingesetzt.

Dauerhaftigkeit dieser Bauten auch in unserem regenreichen Klima hat sich also bewahrheitet.
Mit dem beginnenden Industriezeitalter in der Mitte des 19. Jahrhunderts schwand jegliches Interesse am Lehm- und am Fachwerkbau. Durch die Erschließung der Kohlevorkommen entstanden immer mehr Ziegeleien, Eisengießereien und Fabriken für Zement. So kam es, daß Lehmbauten als rückständig und primitiv galten, als moderne Baustoffe und industrielle Bauweisen in Gebrauch kamen.
Erst in Zeiten wirtschaftlicher Krisen, nach dem Ersten und Zweiten Weltkrieg zum Beispiel, wenn Mangel an Brenn- und Rohstoffen, an Transporteinrichtungen und Facharbeitern herrschte, besann man sich notgedrungen gern wieder auf den Lehmbau. In wenigen Jahren wurden damals, mithilfe von schnell eingerichteten Lehmbaudiensten und Lehrbaustellen überall Siedlungen in Selbsthilfe erstellt. Doch bei wachsendem Wohlstand und mit dem Erstarken der Bauindustrie galt das Bauen mit Lehm bald wieder als unwirtschaftlich und unmodern.
Die neuerliche Beschäftigung mit dem Lehmbau, die in den letzten Jahren in einigen Industrieländern zu beobachten ist, geht erstmals weniger auf eine wirtschaftliche Krise als auf eine Bewußtseinskrise zurück, die das rein technisch-wirtschaftliche Handeln generell in Frage stellt, weil es zu einer lebensbedrohenden Gefährdung der Umwelt und zu einer Entfremdung in allen Daseinsbereichen geführt hat.

*In Münster –*
**Ein Pferdestall in der alten Lehmstakenbauweise**

Der Pferdestall ist fertig; für den Anstrich wurde Mineralfarbe genommen.

Das Futterhaus im Bau.

Das Verlangen nach einem ursprünglichen Baustoff, den man wieder mit den Händen formen kann, war auch das Motiv für einen Lehmbauversuch in Münster. Der Architekt Ludger Sunder-Plassmann brauchte einen Stall und ein Futterhaus für seine beiden Pferde und entschloß sich, beim Bauen die früher beim Fachwerkbau im Münsterland übliche Lehmstakenbauweise wieder anzuwenden. Auf dem Gelände befand sich bereits ein offener Fuhrwerk-Unterstand, dessen eichene Holzständer sich für die Ausfachung mit den Staken anboten. Aber Lehmstaken herzustellen, wozu man Langstroh braucht, das immer seltener zu bekommen ist, mußte viele Male probiert werden, bevor es schließlich gelang. Der Architekt und seine Mitarbeiter waren wieder zu Lehrlingen geworden:

»*Wir standen mit Gummistiefeln in der feuchten Lehmkuhle und wußten zunächst gar nicht, wie wir die ca. 1,50 m langen Halme des Langstrohs mit dem Lehm vermischen sollten. Nach und nach entwickelten wir eine Methode, den Lehm einfach in das auf Holzdielen ausgebreitete Langstroh hineinzukneten und eine Art Matte zu formen, die um eine vorher ausgemessen und zugesägte Holzstake gedreht wurde. Die Stake brauchte dann nur noch in den Nuten an der jeweiligen Stelle im Fachwerk eingesetzt zu werden. In Eimern von der Lehmgrube herangeschleppter Lehm wurde schließlich auf die ausgefachten Flächen geworfen und mit den Händen verschmiert. So bekam jedes Gefach eine ganz persönliche, eigene Handschrift.*« (Gisela Helms, Praktikantin)

Die plastischen Wandflächen erhielten nach kurzer Trockenzeit einen Anstrich in leuchtender gelber Mineralfarbe.

Das Futterhaus für den Haferkasten wurde in derselben Bauweise errichtet. Sie schafft ideale Voraussetzungen für die Tiere. Untersuchungen haben ergeben, daß Tiere, die in Lehmställen gehalten werden, viel weniger anfällig sind als z.B. in Betonställen, da Lehm besonders atmungaktiv ist und Feuchtigkeit sehr schnell absorbiert.

Fachwerkhaus im Umbau mit der Leichtlehmmethode, 1980 in Groß-Gerau, Hessen.

*In Darmstadt –*
**Moderner Fachwerkbau mit Lehm**

Die Lehmbauart, die gegenwärtig die besten Chancen hat, sich hier bei uns durchzusetzen, ist wohl der Leichtlehmbau, der viele Vorteile gegenüber anderen Methoden hat. Reichlich Stroh wird mit einer Lehmbrühe angemengt und durch Stampfen in Schalungen zu Bauteilen geformt. Von Anfang an gibt es ein schützendes Dach, da, wie beim Fachwerkbau, mit den Lehmarbeiten ein tragendes Skelett ausgefacht wird. Eine gute Wärmedämmnng ist durch das im Lehm eingeschlossene Stroh bereits bei Wandstärken von 25 cm gegeben. Je nach Mischungsverhältnis von Lehm und Stroh kann man eine mehr dämmende Masse für außen oder eine mehr speichernde für innen bewirken. Leichtlehm ist zudem schalldämmend und ausreichend feuerfest, und jede Art von Putz haftet auf ihm ganz vorzüglich. Außerdem kann man damit Decken und Dachisolierungen herstellen und auf sehr einfache Weise Fertigteile produzieren, die trocken eingebaut werden können. So ist es kaum verwunderlich, daß diese Bauweise, die nach dem Ersten Weltkrieg von Wilhelm Fauth ausgearbeitet wurde, heute wieder Freunde in Frankreich und Deutschland findet. Der Darmstädter Architekt und Diplomingenieur Franz Volhard hat bereits eine Reihe von Häusern mit der Leichtlehmmethode im Raum Darmstadt gebaut und so auch zwei alte Fachwerkhäuser restauriert.

Eine Fichtenholzschalung als Winterschutz.

»Ich hatte mich lange mit der Baubiologie beschäftigt und bin dadurch auf Lehm gekommen, weil ich mit ganz einfachen, billigen Baustoffen arbeiten wollte, die keiner weiteren Veredelung bedürfen. Es ist der reine Rohstoff, der auf der Baustelle zur Wand geformt wird, ohne gebrannt oder erhitzt zu werden, also ein völlig energieunabhängiger Stoff, der keine Schadstoffe erzeugt. Ich entschied mich schließlich für den Leichtlehmbau, weil er als einziger die hierzulande erforderliche Wärmedämmung bringt und weniger arbeitsaufwendig als andere Lehmbauweisen ist. Darüber hinaus haben Massivlehmbauweisen den Nachteil, daß erst nach Fertigstellung der Wände die Decken und das Dach geschlossen werden können. Das bedeutet bei Regen Arbeitsunterbrechung und zusätzlichen Aufwand für provisorischen Wetterschutz. Die Wärmedämmung ist z.B. bei Massivlehm nicht besser als die von Vollziegeln, und es gibt leicht Probleme mit dem Putz, wenn keine besonderen Maßnahmen dafür ausgeführt werden. Auch Fachwerk mit Strohlehmausfachungen in der traditionellen Technik kann heutigen Anforderungen nicht mehr genügen. Besonders beim Anwurfverfahren wurde oft aus Bequemlichkeit Stroh nur noch in geringen Mengen zugesetzt. Solche Fehler in Verbindung mit zu dünner Wandstärke sind der Grund für ungenügenden Wärmeschutz und feuchte Wände und haben zu dem schlechten Ruf von Fachwerkhäusern beigetragen.«

Franz Volhards erster Versuch mit dem Leichtlehmbau war der Umbau und die Erweiterung eines Fachwerkhauses in Groß-Gerau im Jahr 1980. Die alten Strohlehmausfachungen mußten dabei zum Teil entfernt und das Fachwerk stellenweise erneuert werden. Dann erhielt das Gebäude durch 30 cm dicke gestampfte Leichtlehmwände eine Wärmedämmung, die modernen Ansprüchen genügt und dennoch in der Tradition bleibt. Bei den noch gut erhaltenen Partien der Nord- und Ostwand genügte eine 15 cm dicke Leichtlehmschicht, die von innen aufgebracht wurde. Umbau und Erweiterung des Hauses konnten weitgehend in Selbsthilfe ausgeführt werden. Nach sieben Sommerwochen waren die Lehmarbeiten abgeschlossen, für die nur die einfachsten Werkzeuge und keinerlei Maschinen benutzt worden sind. Für die 58 Kubikmeter Leichtlehmmasse wurden dabei 30 Kubikmeter Lehm aus einer Ziegelei und ca. vier Tonnen Roggen- und Weizenstroh von einem benachbarten Bauernhof verarbeitet. Nach der Austrocknungszeit wurde innen auf der Leichtlehmwand ein Traßkalkputz aufgebracht und außen als Witterungsschutz eine Fichtenholzschalung befestigt.

Nach Volhards Plänen wurde 1984 in Darmstadt-Arheiligen auch ein Neubau in der Leichtlehmbauweise errichtet. Der Bauherr wollte ein Holzhaus bauen, und Vollhard konnte ihn überzeugen, dabei Leichtlehm als Wandausfachung einzusetzen. Eine Darmstädter Firma übernahm in diesem Fall das Ausfüllen des Holzskeletts und der Decken mit Leichtlehm. Zur Beschleunigung der Arbeiten setzte sie eine Putzmaschine ein, die die Lehmbrühe fix und fertig per Schlauch zum jeweiligen Arbeitsplatz transportierte, wo sie als Bindemittel mit dem Stroh vermischt wurde. Auch dieses Haus erhielt als Witterungsschutz eine auf der Wetterseite hinterlüftete Holzverschalung.
Die Arbeitszeit pro qm Leichtlehmfläche gibt der Architekt mit ca. vier Stunden an. Wegen des immer noch großen Arbeitsaufwandes beim Bauen mit Lehm lassen sich die echten Kosteneinsparungen durch das beinahe kostenlose Material vor allem im Selbstbau verwirklichen. Beim Leichtlehm sind die Voraussetzungen besonders günstig

Das Stroh wird mit Lehmbrühe überspritzt, die in einer Putzmaschine angemischt wurde.

Rohbau innen. Auch die Böden im 1. Stock wurden mit Leichtlehm gestampft.

Ein Aachener Architekturstudent, Andreas Dilthey, hat sich zum Beispiel selbst eine Presse gebaut, mit der er Leichtlehmsteine produziert. Er vereinfachte das mühselige Herstellen von Lehmschlämmen, indem er eine ausrangierte Waschmaschine umrüstete zu einem Rührgerät. Die erste praktische Erfahrung hatte der Leichtlehmbauer gesammelt, als er sein altes, schlecht isoliertes Backsteinhaus mithilfe des Strohlehmgemischs in ein warmes Haus zu verwandeln trachtete. Damals wurde noch in einer alten Badewanne angerührt und aus Gießkannen auf Stroh gegossen. Aus diesem Gemisch stampften die Diltheys innen, vor die 24 cm dicke Ziegelwand des Hauses, eine ebenso dicke Leichtlehmwand als nachträgliche Wärmedämmung.

Lehmschlämme, die in einer ausrangierten Badewanne angerührt werden.

Beim Leichtlehmstampfen. In die Gleitschalung sind Rohre eingezogen, die schnelleres Austrocknen des Lehms bewirken und die für eine Strahlungsheizung genutzt werden können.

Leichtlehm-Fertigwände für den Schafstall werden hergestellt.

Umgerüsteter Zirkuswagen mit Leichtlehmwänden.

In der Schalung wurden einfache Ofenrohre verlegt, oben und unten durch einen Querkanal verbunden. Durch dieses Röhrensystem konnte zum einen die Wand wesentlich schneller austrocknen, zum anderen besteht die Möglichkeit, die Kanäle für eine spätere Wandstrahlungsheizung zu nutzen. Andreas Dilthey erfand auch die reizvolle Möglichkeit, auf einfachste Weise mit Leichtlehm kleine Rundbögen an die Decke zu zaubern. Er spannte zwischen Deckenbalken bogenförmig geknickte Schilfmatten, die von oben vorsichtig mit Leichtlehm ausgefüllt wurden. Nach dem Trocknen verputzte er sie von unten mit Lehmhäcksel. Diese Leichtlehmdecke ziert nun die Küche.

Während der Renovierung seines Hauses lebte Dilthey in einem alten Zirkuswagen, der die wohl einzigartige Mutation erfuhr, zum fahrbaren Lehmhaus zu werden. Der Leichtlehm wurde dabei nicht an Ort und Stelle zur Wand gestampft, sondern es wurden, wie bei einem Schafstall in Diltheys Garten, vor dem Einbau einzelne Elemente der Leichtlehmwand als Fertigteile hergestellt und erst nach dem Trocknen eingebaut.

**Traditionelle Lehmarchitektur in Entwicklungsländern.**

Blick über Sana, Hauptstadt des Nordjemen. Eine der schönsten Städte des Orients aus Stein und Lehm.

Ornamentge-
schmückte Häuser
in Sana.

Eine Gasse in Sada.

*Im Jemen –*
**Die Lehmarchitektur der Jemeniten**

Wie kein anderes arabisches Land hat der Nordjemen sich bis in die jüngste Zeit das Gesicht des alten Arabien bewahrt. So abweisend wie seine steinigen Landschaften, so verschlossen blieben die Menschen des Jemen lange Zeit allen Fremden und allem Fremden gegenüber. Lange, zumindest bis zur Revolution von 1962, widerstand das Land auch dem Technologietransfer aus den Industrieländern.
Die Architektur der Jemeniten ist von eigenartiger Schönheit. Im Spannungsverhältnis von strengen, funktionalen Grundformen und betontem künstlerischem Ausdruck hebt sie sich von islamischer Baukunst anderer arabischer Staaten deutlich ab. Die über 2000 Meter hoch gelegene Hauptstadt des Nordjemen, Sana, gehört zu den ältesten Städten der Welt. Wegen ihrer Schönheit und ihres Reichtums an Traditionen ist sie zur Pilgerstätte für Architekten, Maler und Islamisten geworden, vor allem die Altstadt, die Medina, mit ihren vierhundertjährigen Stadtburgen.

Mauern und Häuser in Sana.

Die Lehmstadt Sada im Nordjemen; ihre Stadtmauer aus Lehm ist weitgehend erhalten.

Beim Mauern mit Lehmziegeln in der Nähe von Naklah al Hamara.

Geformte Lehmziegel, die zum Trocknen ausgelegt sind.

Im Jemen sind heute die unterschiedlichsten Lehmbautechniken in lebendigem Gebrauch, vom Stampflehm bis zum Bauen mit luftgetrockneten Lehmziegeln. Zu den bemerkenswertesten Bauwerken im Jemen gehören aber die in der Zaburtechnik errichteten Lehmburgen, bei denen der Lehm ausschließlich mit den Händen modelliert wird. Bei dieser im Norden weitverbreiteten Bauweise wird zunächst die mit Strohhäcksel versetzte Lehmmasse zu brotlaibartigen Klumpen geknetet. Die Lehmklumpen wälzt man dann in Staub oder Stroh, um ihnen eine formstabilisierende Außenfläche zu geben und wirft sie den Maurern zu, die damit bis zu 60 cm hohe Wülste ohne Schalung zu einer Wand übereinander türmen. Nicht selten vollzieht sich dieser Bauprozeß im Rhythmus anfeuernder Gesänge unter aktiver Teilnahme der Familie und von Nachbarn.

In der Zaburtechnik errichtetes Haus. Die hochgezogenen Ecken verlagern die Schwerkraft weg in das Zentrum der Wand.

Der angefeuchtete Lehm wird mit den Füßen und den Armen durchgestampft.

Wachturm aus Lehm in einem Weinberg im Nordjemen.

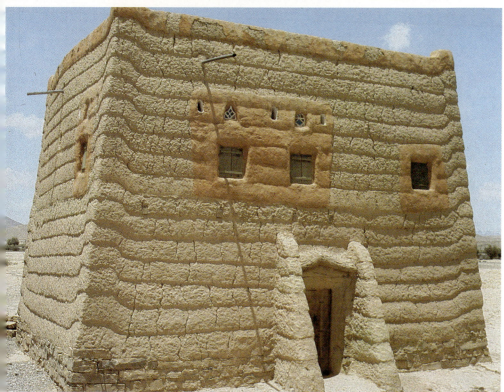

Wohnhäuser in Sada. Ihre Architektur steht im Spannungsverhältnis von funktionaler Grundform und künstlerischem Ausdruck.

Zaburkonstruktionen werden immer auf einem Steinsockel errichtet, der an den Ecken einen halben Meter höher gezogen wird. Damit erreicht man, daß alle Lehmschichten an den Ecken höher gelagert sind und die Schwerkraft in Richtung auf das Zentrum, nicht nach außen zu den Ecken hin, wirksam wird. Diese Technik gibt den Zaburhäusern mit hornartigen Zinnen ihren charakteristischen Ausdruck. Die Lehmwülste der Fassade kann man sichtbar lassen oder verputzen.

Die Zaburtechnik ist auch die Grundkonstruktion für alle größeren Bauten unterschiedlichster Art wie Einfriedungsmauern, Wachtürme und festungsartige Häuser. Beim Dach gibt man dem traditionellen nahöstlichen Lehmterrassendach, das von nahe beieinanderliegenden Balken getragen wird, den Vorzug. Die nordjemenitische Stadt Sada dokumentiert am eindrucksvollsten die Schönheit dieser nur im Jemen angewandten Lehmbaukunst. Wie nur wenige Städte ist sie in ihrer Ganzheit erhalten als islamisch-mittelalterliche Siedlung mit einer weitgehend unzerstörten Stadtmauer aus Lehm. In den engen winkligen Gassen dieser Lehmstadt ist man geschützt vor der Sonne und vor den Sand- und Staubstürmen. Die wehrhaften Wohnhäuser Sadas öffnen sich nicht nur zum Innenhof, wie sonst im traditionellen islamischen Haus. Aus den oberen Stockwerken hat man aus kleinen Fensterluken einen Überblick über das gesamte Umfeld. Die besondere

Zierde der Stadt sind die weißgekalkten Zinnen, die die Häuser wie mit einer Krone schmücken, und ein anderes Charakteristikum der Zaburtradition ist die ornamentale Umrahmung der Fenster mit Gips und Kalk. Sie machen diese Lehmbauten unverwechselbar und zeigen den ausgeprägten Sinn der Sajiditen für Konturen und Ornamentik. Die stattlichen Bürgerhäuser werden von den Familien ständig eigenhändig renoviert und je nach Bedarf vervollständigt, wodurch sie immer wieder ein neues Aussehen erhalten. Durch den gesellschaftlichen Wandel im Jemen muß man davon ausgehen, daß massive Lehmgebäude in diesem Land kaum noch eine Zukunft haben. Denn die arbeitsintensive Lehmarchitektur verdankt im Jemen ihre Existenz vor allem dem Umstand, daß Lehm ein billiger Baustoff ist und daß der Arbeitskraft lange Zeit nur ein geringer finanzieller Wert zugemessen wurde. Durch extrem gestiegene Löhne und viel Kapital, das nach der Revolution ins Land kam, ist heute schon in einigen Gegenden ein Lehmbau mit Handwerkern fast so teuer wie das Bauen mit Beton. Hinzu kommt, daß der mit ausländischer Entwicklungshilfe geförderte Ausbau des Straßennetzes die Möglichkeit bietet, Baumaterial überallhin zu transportieren. So ist es eigentlich nur noch eine Frage der Zeit, daß Lehmarchitektur wie schon im Nachbarland Saudi-Arabien auch hier eine negative Bewertung erhält.

Wohnhaus aus Lehmziegeln in einem Vorort von Sana mit den typischen Ornamenten aus farbigen Glasscheiben, die in ein Gitter eingelegt sind.

Hausburgen
in Sada.

Eine befestigte Siedlung (»ksar«) im Dadès-Tal. Das streng gegliederte Gefüge löste sich auf, nachdem es keine Verteidigungsfunktionen mehr zu erfüllen hatte.

»Tighremt« am Oberlauf des Dadèsflusses. Die sich nach oben schichtweise verändernde Textur deutet auf die Kombination von unterschiedlichen Lehmbautechniken hin.

*In Marokko –*
# Lehmburgen der Berber

Wie im Nordjemen erklärt sich die Wuchtigkeit und der Festungscharakter der markanten Erdbauten Marokkos vor allem aus der Notwendigkeit, mögliche Feinde abzuwehren, aber auch aus architektonischer Notwendigkeit im Hinblick auf das Klima des Landes. Zwischen Atlasgebirge und Sahara entstanden so am Rande der Oasen streng gegliederte Siedlungsgefüge innerhalb einer schützenden Wehrmauer mit Verteidigungs- und Ausgucktürmen (die Ksour, Einzahl: Ksar). Das Schalungsmaß der Stampferde, die Abmessungen luftgetrockneter Ziegel und die Spannweite der Balken bestimmten das Grundmuster dieser Architektur. Der geschlossene Charakter der Ksour ging durch Erweiterungen längst verloren, bedingt durch den sprunghaften Anstieg der Bevölkerung. Die Ksour verloren schließlich auch ihre Bedeutung dadurch, daß sie keine Verteidigungsfunktionen mehr hatten. Durften früher die Ksarhäuser nicht höher als die Wehrmauer sein, wird diese heute meistens von ihnen überwuchert und durchbrochen. Das streng geordnete, geometrische Gefüge der Ksour wurde so immer mehr durch stereotyp aneinander gereihten Häuserzeilen ersetzt.
Die eindrucksvollsten Lehmhäuser, die innerhalb oder in der Nähe der Ksour stehen, sind die Tigermatin (Einzahl: Tighremt), mit denen wohlhabende Familien ihre Bedeutung innerhalb der Ksarge-

60

Ensemble von »Tigermatin« vor den bizarren Felsen am Oberlauf des Dadès.

»Tighremt«, dessen Anbau aus Betonsteinen die Lehmarchitektur stört.

meinschaft zur Schau stellten. Das Tighremt ist entwickelt aus dem würfelförmigen Ksarhaus, an das vier Ecktürme angefügt wurden. Im Zentrum des Wohnbereichs liegt meist ein kühlender Hof, um den herum sich die Wohnungen gruppieren. Die unteren Schichten dieser gewaltigen Monumente marokkanischer Baukultur bestehen aus Stampferde, die oberen aus luftgetrockneten Lehmziegeln, die zu dekorativen Mustern verlegt werden.

Ireli, ein Dogondorf
in der Falaise.

## In Mali – Lehmbautraditionen

Eine ganz eigene Lehmbaukultur hat sich bei den Dogon, einem altnigritischen Bauernvolk im westafrikanischen Mali, erhalten. Ihre ältesten Dörfer kleben wie Schwalbennester auf kleinen Felsterrassen der Falaise, einer Steilstufe bei Bandiaghara, die zur etwa 250 m tiefer gelegenen Gondoebene abfällt. In den Bergnestern und zwischen Geröllfeldern verbargen sich die Dogon in historischer Zeit vor berittenen Verfolgern, die der Herrscher des Landes ausgeschickt hatte. So konnten sie sich seiner Oberhoheit erfolgreich entziehen. Durch ihre selbstgewählte Abgeschiedenheit, fern der kulturellen Zentren der Sudanreiche, konnten sie ihre eigenen religiösen und sozialen Traditionen behaupten. Sie prägen heute noch ihre gesamte Umwelt.
Die zweistöckigen Gehöfte in der Falaise haben einen kreuzförmigen Grundriß. Der große Hauptraum stellt den Leib der Frau dar, die schmalen Nebenkammern symbolisieren ihre Arme, und der Rauch-

Eng beieinander die kleinen Häuser des Unterogol-Viertels von Sanga. Getreidespeicher der Dogon mit Lehmreliefs.

Binu-Heiligtum der
Dogon in Unterogol.

Ginnahaus, dessen Nischen die Anzahl der Ahnen symbolisieren.

abzug des Küchenraumes versinnbildlicht ihre Atmung. In den Dogondörfern grenzt ein Gehöft eng an das andere, die Gassen sind schmal und verwinkelt. Da der Boden für Äcker knapp und daher kostbar ist, nahm man den felsigen Untergrund für die Häuser. In den Bauernhöfen ist alles aus Lehm gemacht: die Häuser und selbst die Herdstellen und Speicher für das Getreide, die man an ihren geflochtenen »Strohhüten« erkennt. Die Anzahl der Speicher läßt dabei auf den Wohlstand der Sippe schließen.

Die Außenwände der Speicher sind entweder glatt verputzt oder mit Lehmreliefs geschmückt. Plastisch modellierte Gesichter und kunstvoll geschnitzte Speichertüren aus Holz sind Zeugnisse hochentwickelter Volkskunst.
Eher Skulpturen aus Lehm sind auch die Heiligtümer der Dogon, tempelartige Bauten des Binukultes. Bei der Aussaat der Hirse wird die Frontfassade des Gebäudes mit Symbolen und Zeichen versehen, um die verstorbenen Vorfahren zu bitten, für eine reiche Ernte zu sorgen. Eine architektonische Besonderheit der Dogon sind die »Ginnahäuser«, die die übrigen Wohngebäude auffällig überragen. Die Frontfassade dieser Häuser zieren regelmäßig angeordnete, rechteckige Nischen, die mit ihrer Anzahl die Ahnen der Dogon symbolisieren. In den Nischen lagern allerlei Gebrauchsgegenstände, die den Vorfahren geweiht wurden.

Die Lehmmoschee von Djenné.

Wohnhaus mit typischer vertikaler Fassadengliederung.

Nordeingang der Moschee. Ihre Zinnen sind 3 Meter hoch.

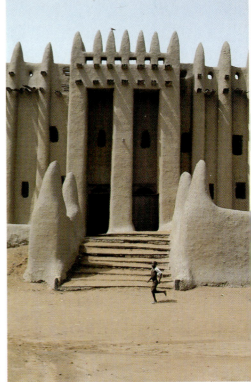

Vertikale Fassadengliederung durch mit Lehm ummantelte Holzsäulen.

Fassadenschmuck eines Hauses

Mittelalterlicher Wohnpalast in Djenné.

kigen Stadthäuser der Händler sind die Fassadengliederungen durch tragende, vertikale Holzsäulen, die mit Lehm so verkleidet sind, daß sie sichtbar bleiben und zum Fassadenschmuck werden. Die Säulen bewirken, daß die Häuser höher scheinen als sie in Wirklichkeit sind. Durch den Abschluß der Fassade mit aufgesetzten Zinnen wird die Monumentalität der vornehmen Bürgerhäuser noch verstärkt. In der Baukunst Djennés sind viele nordafrikanische Stilelemente enthalten. Die kleinen Türen, mit denen die Fenster geschlossen werden, lassen auf marokkanische Vorbilder schließen.

Das älteste Zeugnis der Lehmarchitektur von Mali ist ebenfalls im Nigerbinnendelta zu betrachten: die 1000 Jahre alte Stadt Djenné. Djenné war früher ein wichtiger Umschlagplatz für Waren, ein Sammelplatz für Produkte aus der tropischen Waldzone und aus den Savannen. Die Spuren jener Blütezeit sind nicht zu übersehen. Im Herzen der Stadt steht die berühmte, um das Jahr 1900 wieder aufgebaute Moschee, ein imposantes Bauwerk aus Lehm. Der festungsähnliche Rechteckbau ist auf der Marktseite 150 Meter lang und 20 Meter hoch. Die Fassade gliedern vertikal mit Lehm ummantelte Stützsäulen und Minarettürme, aus denen die Enden des inneren Holzgerüsts herausragen, damit sie als Tritthölzer für Renovierungsarbeiten benutzt werden können. Gleichzeitig sind diese Hölzer das typische dekorative Element sudanischer Lehmmoscheen. Die Eingangsstufen der Moschee werden von Zinnen flankiert, die über drei Meter hoch sind. Ihre weichen Formen sind von Hand modelliert. Auch die monumentalen Moscheen von Djenné und Mopti sind in ihrer Grundstruktur Trockenziegelbauten, die mit frischem Lehm als Mörtel gemauert werden. Beim Lehmverputz erhält man durch die Beimischung von Öl und Karitébutter Fassaden, die jahrelang wasserdicht bleiben.

In Djenné, das früher Handelbeziehungen bis Nordafrika unterhielt, stehen noch Lehmbauten aus dem 16. und 19. Jahrhundert. Charakteristisch für diese zwei- bis dreistök-

**Traditionen als Entwicklungschance — moderne Lehmarchitektur in Afrika.**

## Falsche Vorbilder

Obwohl die Lehmbaukultur der Entwicklungsländer deren klimatischen und wirtschaftlichen Bedingungen genau entspricht, geht sie in vielen Ländern der Dritten Welt immer mehr zurück, um einer Architektur- und Städteplanung Platz zu machen, die sich anderswo unter völlig anderen Voraussetzungen entwickelt hat.

Im saudiarabischen Riyadh wurde in den letzten 15 Jahren die traditionelle Lehmarchitektur beinah vollständig einer aus Industrieländern importierten Stahl- und Betonbauweise zum Opfer gebracht. Wie in der Altstadt von Kairo, werden in vielen Städten Afrikas moderne Hochhäuser nach westlichen Standards errichtet, die weder auf die historische Umgebung, noch auf das Klima oder die islamischen Lebensformen Bezug nehmen. Die Wohnungen sind für orientalische Großfamilien meist zu klein, und es fehlt der notwendige Raum für ihre Haustiere, die sie, selbst in Städten wie Kairo, zum Leben brauchen. Zusammen mit der Architektur wird auch westliche Stadtplanung kritiklos übernommen. Nouakchott, die neugebaute Hauptstadt des unterentwickelten Mauretanien, ist ein typisches Beispiel dafür. Statt enger Gassen und Durchgänge, die die Sandstürme und die Sonne von den Ansiedlungen fernhalten, wurden breite Asphaltstrassen angelegt, die keinerlei Schutz bieten und eher Windkanäle für Sand und Staub sind, die nun tief ins Stadtinnere gelangen. Die aus Betonfertigteilen zusammengesetzten, mit Wellblech gedeckten Hochhäuser Nouakchotts machen den Einbau von kostspieligen Klimaanlagen erforderlich. Energie aber ist in den meisten Staaten der Dritten Welt eine teure Ware. Für alle Großprojekte der Art müssen in der Regel Baustoffe, Maschinen und die Techniker dazu gegen Devisen importiert werden. Die einheimische Bauindustrie unterliegt dabei stets. Auch die Millionen von wilden Siedlern, die in den überfüllten Elendsquartieren an der Peripherie fast aller großen Städte der Dritten Welt hausen müssen, auch sie gehen leer aus. Die Gelder der Entwicklungshilfe aus den Industrieländern haben diese Zonen bisher kaum erreicht, wohl aber haben sie bisher Wohnungsbauprojekte für Privilegierte gefördert.

Jean Dethier (Centre Georges Pompidou, Paris), der mehrere Jahre lang in Ländern der Dritten Welt als Architekt gearbeitet hat, sieht die einzige Chance zur Lösung dieser Probleme im radikalen Umdenken:

*»Eine der großen Herausforderungen der Dritten Welt, die dringend bis zum Ende dieses Jahrhunderts angenommen und eingelöst werden muß, ist zweifellos die Krise in der Versorgung mit Wohnraum. Die Vereinten Nationen haben geschätzt, daß in den nächsten fünfzehn Jahren mindestens 200 Millionen Wohnungen gebaut werden müssen. Dafür müssen jedoch völlig andere Mittel gefunden werden als die aus den letzten zehn oder zwanzig Jahren, seit der Zeit, als diese Länder ihre nationale Unabhängigkeit erhielten. Die Lösung der Probleme konnte gar nicht gelingen, weil die politisch Verantwortlichen nichts anderes anstrebten, als das westliche Modell nachzuahmen. Unsere Art zu bauen und Städte zu planen geht jedoch überhaupt nicht auf die Bedürfnisse der Menschen in der Dritten Welt ein. Bei realistischer Einschätzung ist eine Lösung der gigantischen Probleme nur möglich, wenn man die Ressourcen wieder nutzt, die am Ort vorhanden sind, wenn man zu Methoden zurückfindet, die die Menschen dort unabhängig von westlicher Technologie machen. Ausschließlich solche Politik ist heute wirtschaftlich vertretbar: zum einen, die am Ort vorhandenen Rohstoffe und zum anderen, die am Ort vorhandenen Energien zu nutzen. Das besagt, die Arbeitskraft der Menschen und ihr kulturelles Erbe zu berücksichtigen. Die meisten Länder der Dritten Welt haben die uralte und sehr schöne Tradition des Lehmbaus. Und sicher lag die Ursache auch in der Unterdrückung vonseiten der Kolonialmächte, daß vielen dieser Länder das Bewußtsein für eigene historische und kulturelle Tradition verlorengegangen ist.«*

Skizze in Tusche von Hassan Fathy: Die Moschee in Neugourna.

Die 1946 erbaute Moschee.

*Mittler zwischen Tradition und Moderne*
# Der ägyptische Architekt Hassan Fathy

Der ägyptische Architekt Hassan Fathy, um 1900 in Alexandrien geboren, bekämpfte lebenslang die Mißachtung arabischer Bautradition und des damit verbundenen Verlustes an Erfahrung von vielen hundert Generationen. Sein 1969 in Kairo publiziertes Buch »Architektur für die Armen« ist Lehr- und Handbuch vieler Architekten in der Dritten Welt. Er stellt darin die Architektur des Internationelen Stils radikal in Frage und plädiert für eine neue arabische Identität, die auf den eigenen Traditionen basiert. Hassan Fathy forderte schon sehr früh die Wiederverwendung von Lehmziegeln in der zeitgenössischen ägyptischen Architektur. In Ägypten steht man vor der schier unlösbaren Aufgabe, jährlich für eine Million zusätzlicher Erdenbürger Behausungen schaffen müssen; und das durchschnittliche Jahreseinkommen beträgt ca. 100 Mark. Eine Lösung kann hier nur in einer Veränderung der Bautechnologie liegen, die es den Armen ermöglicht, ihre Häuser selbst zu bauen.
»Man kann sicher kein Hochhaus in der Lehmziegeltechnik bauen, dazu braucht man den Stahl. Aber für ein Bauernhaus auf dem Land ist es die ideale Bauweise, schon wegen der Kosten. Wie kann jemand mit diesen geringen Einkommen Zement kaufen, wenn der Sack Zement bereits 5 Pfund kostet. Es gibt also gar keine andere Wahl für uns und dafür muß man Gott danken. Denn mit Lehm kann man modellieren, man kann damit plastische Räume schaffen – besonders, wenn man als Raumabschluß Kuppeln und Gewölbe nutzt. Dann entsteht wie von selbst eine schöne Form, weil sie die Spannung wiedergibt, die das Mauerwerk zusammenhält.« (Hassan Fathy)
Überzeugt, daß man für die arme Landbevölkerung attraktive und zugleich kostengünstige Lehmhäuser bauen kann, konzipierte Hassan Fathy das zwischen 1945-47 erbaute Dorf Neugourna in Oberägypten bei

Brote in den Gassen
von Neugourna.

Hofszene.

Luxor. Mit dieser Neugründung des Dorfes hoffte man gleichzeitig die Bewohner, die vom Ausrauben der naheliegenden Königsgräber ihren Lebensunterhalt bestritten, von ihren alten Siedlungen wegzulocken. Das erwies sich jedoch als schwieriger als zunächst angenommen; das neue Dorf mit seiner wundervollen Moschee und seinem Theaterbau blieb lange Zeit nicht nur unbewohnt, es wurde teilweise sogar mutwillig zerstört.

Erst in den achtziger Jahren fing die für 5000 Bewohner erbaute Siedlung langsam an zu leben. Beispielhaft an Gourna ist nicht nur die Wiederbelebung einer Tradition, sondern auch die Vorgehensweise des Bauens. Die Lehmkuppeln, die die Basare überwölben und die Häuser wurden weitgehend von ungelernten Arbeitskräften errichtet, die in einer von Hassan Fathy organisierten Maurerschule innerhalb von drei Monaten das Bauen mit Lehm erlernten.

Doch für Fathy war Gourna nicht nur das Pilotprojekt für eine angemessene Wohnungsbaupolitik, sondern auch das demonstrative Beispiel für eine klimagerechte Architektur. Jedes Haus in Gourna hat den kleinen traditionellen Innenhof, der, von hohen, schattenspendenden Mauern umschlossen, für das Klima im Hause drinnen unentbehrlich ist — ebenso wie die Kuppeln, die über den Wohnräumen einen entlüftenden Sog erzeugen. Ein solcher Innenhof, wie er früher im alten arabischen Haus üblich war, schützt die Bewohner vor dem heißen Wind aus der Wüste. In der Nacht, wenn die Lufttemperatur dort machmal um 20 Grad Celsius abfällt, gelangt kalte Luft aus der Atmosphäre in den Hof und lagert sich dort in mehreren Schichten ab. Wenn der Morgen kommt und der Wind über das Haus bläst, bleibt diese kühle Luft im Hof.

Für Künstler und Lehrer Hassan Fathy ist Architektur wie eine Pflanze, immer an einen Ort gebunden, an den Ort, auf dessen Boden sie wächst und auf dessen Umgebung sie folglich reagiert. Alle Entwürfe und Projekte von Fathy zeigen sein Streben nach einer Baukunst, die ihre Umwelt respektiert: *»Es ist mir ein beinahe religiöses Anliegen: Was wir auf die Oberfläche der Erde stellen, in die von Gott vorbestimmte Umgebung, sollte sich ihr unterordnen. So wie es eine islamische Architektur getan hat, die sich in Hunderten von Jahren entwickelte, wobei der Architekt nie der Schöpferische allein war. Die Handwerker und Bauherren waren immer seine gleichberechtigten Partner. Architekur ist also immer ein Prozeß, der sich aus einer größeren Gemeinschaft heraus entwickelt; sie ist nicht die Kunst eines Individuums.«*

Innenhof.                      Hofleben.

Eine ganz wichtige Erfahrung für Hassan Fathy war der Bau einer Dorfschule in einem kleinen Ort in Oberägypten. Der Architekt griff dabei das alte Kühlsystem der »Malakafs« wieder auf. Dabei fangen Öffnungen in der Hauptwindrichtung des Gebäudes den Wind auf, leiten ihn über ein Befeuchtungssystem, das »ohne zusätzliche Energie« die Raumluft um etwa 10 Grad Celsius abkühlen kann. Für angenehme Temperaturen sorgen in der Dorfschule auch die dicken Mauern aus Lehmziegeln hohe Gewölbe und Gitterfenster, die nur wenig Sonnenlicht in die Räume dringen lassen.

*»Bei Farés, einem abseits gelegenen Dorf auf der Westseite des Nils, gegenüber vom Kom Ombo, gab es, außer einem kleinen Fährboot, keinen richtigen Zugang zu dem Dorf. Drei Jahre lang wurde der Schulbau ausgeschrieben, ohne daß sich ein Bauunternehmer gefunden hätte. Die Schulbehörde vertraute mir dann das Projekt als einen Versuch an, und ich versprach mit den Handwerkern, die zum Teil noch die Gewölbetechnik beherrschten, vor Ort zu bauen. Für 200 ägyptische Pfund (ca. 800 DM) kauften wir nur Baugerüst, Handwerkszeug und dergleichen. Mit luftgetrockneten Lehmziegeln bauten wir eine Schule für 10 Klassen, zu der eine Bibliothek, eine kleine Moschee, ein großer Mehrzwecksaal und ein Freilichttheater gehören. Die Kosten waren nicht höher als 6000 ägyptische Pfund (25000 Mark). Das war ein Drittel*

Studien von Hassan Fathy: Entwürfe von Häusern in der arabischen Tradition.

*der Kosten, die normalerweise in dieser Region anfallen. Diese Erfahrung gab mir die Idee, in neuen und bestehenden Dörfern Zentren für den Selbstbau zu gründen, die als öffentliche Dienstleistungen die notwendige Ausrüstung und das Werkzeug zum Bauen zur Verfügung stellen.«* (Hassan Fathy)

In der Nähe von Kairo stehen einige komfortable Villen, deren Architekt auch Hassan Fathy ist, und mit denen er beweist, daß sich Prinzipien der Lehmbauweise ohne weiteres auf Materialien wie Kalksandstein übertragen lassen. Denn klimagerechte Architektur ist hier für ihn nicht nur eine Frage des Baustoffs, sondern auch die Kunst, das ganze Haus zu einem ausgeklügelten Ventilationssystem zu machen. Die Villen kommen durchweg ohne Klimaanlage aus, die in den modernen Wohnungen von Kairo normalerweise unentbehrlich sind.

Lehmvilla mit Kuppeln und Gewölben bei Luxor.

*Das Haus ihrer Träume aus Lehm –*
**Ein Amerikaner und ein Libanese bauen**

Hassan Fathys Versuche einer Synthese zwischen Tradition und modernen Anforderungen hat in den Ländern der Dritten Welt viele Architekten zu ähnlichen Versuchen ermuntert.
In der Nähe von Neugourna bauten die Architekten Oliver Sidnanou und David Sims nach eingehenden Studium von Hassan Fathys Arbeiten ein Haus in der arabischen Tradition mit Kuppeln und Gewölben. Jeden Stein ihres Lehmpalastes stellten sie nach Urväterart aus Lehm der Landschaft selbst her. Ein imponierendes Bauwerk wuchs aus

Fenster mit islamischer Ornamentik aus Lehmziegeln.

Erker und Kuppel, die über eine Außentreppe im Hofinnern zu erreichen sind.

dem Boden, sie ergänzten es und vervollkommneten es mehr und mehr, je vertrauter sie mit den Möglichkeiten des Baustoffs wurden.
Oliver Sidnanou schwärmt, wie so viele Architekten, die aus durchtechnisierten Planungsbüros kommend, die Lehmbauweise für sich entdeckt haben:

»Alles hat 1973 angefangen, als wir Hassan Fathys Werk kennenlernten. Während der beginnenden Wirtschafts- und Ökologiekrise in den westlichen Industrieländern damals, war es für uns eine wichtige Erkenntnis, daß man auch billig, mit auschließlich einem Material, bauen kann. Und Lehm ist einfach ein phantastischer Baustoff, er hat sinnliche Qualitäten, das spürt man direkt, wenn man damit arbeitet. Und wie vielseitig Lehm ist! Wenn ich hier eine Mauer wegbreche und Wasser dazugebe, kann ich sofort etwas Neues damit machen. Die Verwendbarkeit ist einfch endlos.«
Eine Rückkehr in klimatisierte Planungsbüros ihrer Heimatländer können sich die beiden jungen Architekten heute nicht mehr vorstellen. Zusammen mit ägyptischen Handwerkern wollen sie Bautrupps gründen, um Wohnungen und Schulen zu bauen. Ihr aufsehenerregendes Haus bei Neugourna inspirierte bereits das Deutsche Archäologische Institut in Kairo dazu, im »Tal der Könige« eine Herberge für deutsche Ägyptologen zu bauen — statt aus Beton mit Lehm.

ADAUA-Projekt
einer Siedlung in
Bamako, Mali.

*Wiederbelebung afrikanischer Architektur und Stadtplanung –*
**Das Modell ADAUA in der Sahelzone**

Fathys Pionierarbeit für klimagerechtes, kostengünstiges Bauen hat auch in den armen Ländern der Sahelzone Afrikas Widerhall gefunden. In Ouagadougou, der Hauptstadt Obervoltas, hat die gemeinnützige Organisation ADAUA (Association pour le développement naturel d'un urbanisme africain), eine Gesellschaft, die eintritt für eine natürliche Entwicklung afrikanischer Architektur und Stadtplanung, Fathys Reformideen erstmals in einem größeren Rahmen umgesetzt. Die 1974 von dem Schweizer Jacques Vautherin gegründete Gesellschaft will eigenständige afrikanische Architektur wiederbeleben und dabei, in Zusammenarbeit mit der ansässigen Bevölkerung, angepaßte Technologie anwenden. Die Arbeit von ADAUA wird mit Mitteln der Entwicklungshilfe und durch öffentliche Aufträge finanziert. Inzwischen befindet sich die Gesellschaft, mit ihrem Hauptsitz in Ouagadougou und weiteren Büros in Mali, Mauretanien und Sene-

Beim Mauern einer Kuppel mittels einer drehbaren Richtstange mit markiertem Kuppelradius.

Lehmhäuser von Slumbewohnern in Rosso selbstgebaut.

und Selbstbauer für den Gebrauch angepaßter Technologien zu schulen. Die afrikanischen Bautrupps, die für ADAUA arbeiten, bildet die Gesellschaft in Jahreskursen zu Zieglern und Maurern aus. Nach der Lehrzeit schließen sie sich einer aus etwa 15 Männern bestehenden Arbeitsgruppe an, die mit der Ausführung bestimmter Projekte betraut wird.

gal, ganz in afrikanischer Hand. Fodie Koita, der Generalsekretär von ADAUA, ist Mauretanier und beschreibt Weg und Ziel der Gesellschaft so:
»*ADAUAs oberstes Ziel ist es, mit dem zu arbeiten, was am Ort vorhanden ist. Wir sind uns darüber klar, daß in den Entwicklungsländern die Probleme der Menschen nicht durch importierte Materialien und Konzepte aus dem Westen gelöst werden können. So besteht unsere Arbeit vor allem darin, die Bevölkerung dazu zu bringen, sich die Wohnungen selbst zu bauen mit den Materialien, die in ihrem Land reichlich vorhanden sind.*«
ADAUA hat sich von Anfang an darum bemüht, das einheimische Baumaterial Lehm bei der Bearbeitung zu verbessern und Handwerker

Ihre Bauaufgaben realisiert die Gesellschaft fast durchweg mit gepreßten Lehmsteinen, die durch eine vierprozentige Beimischung von Kalk oder Zement härter und widerstandsfähiger gegen Wassereinwirkungen gemacht werden. Auch bei ADAUA werden als Dächer vorwiegend Kuppeln und Gewölbe gebaut, weil man dazu kein Holz braucht,

das in der Sahelzone besonders rar ist. Beim Mauern der Kuppeln hilft eine Stange mit markiertem Kuppelradius, die vom Zentrum aus im Kreis gedreht wird und so genau anzeigt, wie weit ein Lehmstein für die Rundung auskragen darf.
Ihr erstes und schwierigstes Bauvorhaben begann ADAUA vor sechs Jahren in den Elendsvierteln von Rosso, der ehemaligen Hauptstadt von Mauretanien am Senegalfluß. Um die Stadt herum hausten an die 30000 Menschen, die wegen der großen Dürre ihre Dörfer hatten aufgeben müssen. ADAUA erhielt im Jahre 1976 den Auftrag, diesen Menschen zu Wohnungen mit geringen Kosten zu verhelfen. So entstand dort der erste Versuch eines Selbstbauprogramms mit

ADAUA-Projekt einer Siedlung in Bamako, Mali. Wiederbelebung eigenständiger Architektur unter Verwendung angepaßter Technologie.

Lehmbauten. Mittlerweile sind in Rosso 1400 Häuser aus Lehmsteinen von den Bewohnern selbst gebaut worden.
Es begann damit, daß sich ein Team von ADAUA ansiedelte, um, in Kontakt mit der Bevölkerung, das Sanierungsprogramm zu erarbeiten. Da das Gebiet alljährlich vom Senegalfluß überflutet wurde, legte man in gemeinsamer Arbeit gezwungenermaßen erst einmal Entwässerungskanäle und Drainagen an. Um gängigen Vorurteilen — auch hier — entgegenzuwirken, errichtete das Team unter anderem einen Wasserturm aus stabilisierten Lehmsteinen, der kein Eisen zur Verstärkung enthält und dem Druck von 150000 Litern Wasser standhalten kann.

An Ort und Stelle gab es nicht nur ein Büro für Stadtplanung und Architektur und eines für die Entwicklung einheimischer Baumaterialien, sondern es standen auch Experten zur Verfügung, die sich um soziale Probleme kümmerten und die Leute zum Selberbauen motivierten. Nachdem man die Slumbewohner für das Selberbauen gewonnen hatte, wurden die von der Stadt ausgewiesenen Grundstücke unter ihnen aufgeteilt. Zunächst erhielten all diejenigen eine Parzelle, die beim Bau der Entwässerungsgräben und Drainagen geholfen hatten.

Eingesetzte Fensterornamente im Stile alter mauretanischer Städte.

Haustypen mit Gewölbedächern. Die Häuser gruppieren sich um Höfe und Plätze.

ADAUA machte die Planung zusammen mit den Selbstbauern und überwachte das ganze Bauvorhaben, bildete auf den Baustellen Ziegelhersteller und Maurer aus und half auch bei der Finanzierung und bei der Erschließung einheimischer Baumaterialien. So sind eingeschossige Häuser mit nubischen Gewölben und Bögen entstanden, die sich um Höfe und Plätze gruppieren.

Man übernahm bewußt, um die Identifikation mit der neuen Umgebung zu erleichtern, die Fenstergitter alter mauretanischer Städte, und, wie bei den Häusern in Neugourna, organisiert sich hier das Familienleben um einen kühlenden Innenhof.

Die Häuser selbst sind sehr einfach gebaut und bestehen meistens aus zwei größeren Räumen, in denen die Familien zusammen leben. Viele von ihnen haben durch das Selbstbauprogramm zum ersten Mal ihre Habe unter einem soliden Dach untergebracht. Leider kann diese beispielhafte Arbeit seit 1984 nicht weitergeführt werden, weil die Industrieländer des Westens, die das Projekt mitfinanzierten, die Gelder dafür gekürzt haben.

1979 wurde die Organisation in Obervolta mit dem Bau eines Zentrums für Landberaterinnen beauftragt, das für achtzig Frauen Wohn- und Schulräume zur Verfügung stellen sollte. Die auszubildenden Frauen sollten eine möglichst vertraute Umgebung vorfinden, so wie man sie aus den traditionellen Siedlungen kennt: kleine, verwinkelte Gassen, Plätze und Bänke und die vertrauten Farben und Formen. Darüber hinaus sollten sie am Beispiel erleben, wie kostensparend Lehmbau ist und wie Arbeitsplätze geschaffen werden können.

Zentrum für
Landbetreuerinnen.

Wege und Plätze innerhalb des neuen Schulzentrums für Landbetreuerinnen, in der Nähe von Ouagadougou.

Unterricht in Weben im Schulungszentrum.

Die Absicht, ein kleines Dorf zu gründen, wo sich die Menschen wohlfühlen, verfolgte ADAUA auch bei dem 1984 fertiggestellten Panafrikanischen Institut in Ouagadougou. Ein Campus aus Lehmsteinen mit Verwaltungsgebäuden, Hörsälen, Wohnungen für Professoren und Studenten sowie einem Freilichttheater, das ganz bewußt an afrikanische Kultur und Tradition anknüpft.

Fodie Koita: »*Bei unserer Planungsarbeit lassen wir uns so viel wie möglich von afrikanischer Kunst und Architektur anregen. Wir haben eine Tradition, von der wir viel lernen können, was jedoch nicht bedeutet, alles abzulehnen an der Architektur des Westens. Es gibt Gutes und Schlechtes, wie es auch in unserer Architektur-Tradition Interessantes, aber auch Verbesserungswürdiges gibt. Unser Hauptanliegen ist dabei immer, daß sich ein Projekt in jeder Hinsicht in die reale Umwelt des Landes einfügt.*«

Außenansicht vom Panafrikanischen Institut in Ouagadougou.

Das Panafrikanische Institut in Ouagadougou ist gleichzeitig ein Beweis für die Perfektion, die ADAUA mittlerweile im klimagerechten Bauen mit Lehm erreicht hat. Auch mehrgeschossiges Bauen wird spielend mit Lehmziegelgewölben ohne Eisenträger und Beton bewältigt.

Architektonische Details, die sichtbar afrikanische Tradition aufgenommen haben.

Großes Freilicht-
theater im Panafri-
kanischen Institut.

Gewölbegänge und
Treppen im Panafri-
kanischen Institut.

Das Verwaltungsgebäude von ADAUA in Ouagadougou.

*Rücktitel:* Traditionelles Wohnhaus in Djenné, Mali.

## Literatur

Jean Dethier, *Lehmarchitektur.* München 1982.

Franz Volhard, *Leichtlehmbau.* Karlsruhe 1983.

Gernot Minke (Hrsg.) *Bauen mit Lehm,* Grebenstein 1984.

Helmut Lander und Manfred Niermann, *Lehmarchitektur in Spanien und Afrika.* Königstein 1980.

Rudolf Wienands, *Die Lehmarchitektur der Pueblos.* Köln 1983.

Richard Niemeyer, *Der Lehmbau und seine praktische Anwendung.* Grebenstein 1982.

Hassan Fathy, *Architecture for the Poor.* University of Chicago Press 1973.

Hans Wichmann, *Architektur der Vergänglichkeit.* Basel 1983.

## Fotonachweis:

Andreas Dilthey: 49 (sämtl.)

Sylvie Lelievre: 28 (sämtl.), 29

Gernot Minke: 34 (rechts)

Peter Nicolay: 44 (o. links), 62

Volker Panzer: 9 (unten), 60 (sämtl.) 61 (sämtl.)

Franz Volhard: 10, 46, 47, 48 (sämtl.)

Alle anderen Fotos stammen vom Autor

## Anschriften

*Belgien –*
Pierre Brichant
Maison en terre/Louvain-La-neuve
123, rue de la Baraque
1348 Louvain-La-neuve

*USA –*
Karen Terry
636 Camino Lejo
Santa Fe, New Mexico 87501

Susan & Wayne Nichols
Route 3, Box 81-D
Santa Fe, New Mexico 87501

David Wright
Solar Environmental Architecture
418 Broudstreet
Nevada City

*Frankreich –*
Archeco — Colzani
La Font
31130 Balma

Christian Moretti
Annunziato — Lumio
20260 Calvi

Jean Dethier
Centre Georges Pompidou
Paris

Patrice Doat, CRATerre
UPAC
10, Gallerie de balladin
Grenoble

*Obervolta –*
ADAUA
Ouagadougou BT 648

*BRD –*
Franz Volhard
Arheiliger Str. 52
6100 Darmstadt

Prof. Dr. Gernot Minke
Gesamthochschule Kassel
3500 Kassel

Andreas Dilthey
Karl-Friedrich-Str. 157
5100 Aachen-Vetschau

Prof. Jochen Georg Güntzel
Nachtigallenweg 29
4930 Detmold

Dipl. Ing. Ludger Sunder-Plassmann
Spiekerhof 20
4400 Münster